无人系统技术出版工程

移动机器人三维视觉同步定位与建图

Simultaneous Localization and Mapping Based on 3D Vision for Mobile Robots

于清华　肖军浩　卢惠民　郑志强　著

国防工业出版社

·北京·

内 容 简 介

视觉同步定位与建图(视觉 SLAM、VSLAM)是机器人环境感知和导航的重要研究方向。本书首先从三维视觉的特殊性出发,介绍了三维视觉应用于同步定位与建图的技术和方法;然后围绕三维视觉 SLAM 中的视觉特征提取、视觉里程计、闭环检测、地图构建 4 个关键技术依次进行介绍,在这些技术中,着重介绍三维视觉的彩色信息和距离信息如何在 SLAM 中的合理融合使用的问题;最后介绍了如何利用这 4 个关键技术构建一套完整的三维视觉 SLAM 系统,从而实现机器人在室内与室外环境下的实时精确定位,并建立稠密的三维环境地图。

本书以机器视觉理论知识为基础,涉及李群与李代数、概率论、非线性优化等数学知识,适合普通高等院校计算机科学、控制科学与工程等学科的研究生和高年级本科生作为教辅书籍或者参考书。

图书在版编目(CIP)数据

移动机器人三维视觉同步定位与建图/于清华等著
.—北京:国防工业出版社,2023.4
ISBN 978-7-118-12867-3

Ⅰ.①移… Ⅱ.①于… Ⅲ.①移动式机器人-机器人视觉-研究 Ⅳ.①TP242.6

中国国家版本馆 CIP 数据核字(2023)第 055968 号

※

国防工业出版社 出版发行
(北京市海淀区紫竹院南路 23 号 邮政编码 100048)
天津嘉恒印务有限公司印刷
新华书店经售

*

开本 710×1000 1/16 **印张** 10½ **字数** 180 千字
2023 年 4 月第 1 版第 1 次印刷 **印数** 1—1500 册 **定价** 80.00 元

(本书如有印装错误,我社负责调换)

国防书店:(010)88540777 书店传真:(010)88540776
发行业务:(010)88540717 发行传真:(010)88540762

《无人系统技术出版工程》编委会名单

主编　沈林成　吴美平

编委　（按姓氏笔画排序）

卢惠民　肖定邦　吴利荣　郁殿龙　相晓嘉

徐　昕　徐小军　陶　溢　曹聚亮

序

近年来,在智能化技术驱动下,无人系统技术迅猛发展并广泛应用:军事上,从中东战场到俄乌战争,无人作战系统已从原来执行侦察监视等辅助任务走上了战争的前台,拓展到察打一体、跨域协同打击等全域全时任务;民用上,无人系统在安保、物流、救援等诸多领域创造了新的经济增长点,智能无人系统正在从各种舞台的配角逐渐走向舞台的中央。

国防科技大学智能科学学院面向智能无人作战重大战略需求,聚焦人工智能、生物智能、混合智能,不断努力开拓智能时代"无人区"人才培养和科学研究,打造了一支晓于实战、甘于奉献、集智攻关的高水平科技创新团队,研发出"超级"无人车、智能机器人、无人机集群系统、跨域异构集群系统等高水平科研成果,在国家三大奖项中多次获得殊荣,培养了一大批智能无人系统领域的优秀毕业生,正在成长为国防和军队建设事业、国民经济的新生代中坚力量。

《无人系统技术出版工程》系列丛书的遴选是基于学院近年来的优秀科学研究成果和优秀博士学位论文。丛书围绕智能无人系统的"我是谁""我在哪""我要做什么""我该怎么做"等一系列根本性、机理性的理论、方法和核心关键技术,创新提出了无人系统智能感知、智能规划决策、智能控制、有人-无人协同的新理论和新方法,能够代表学院在智能无人系统领域攻关多年成果。第一批丛书中多部曾获评为国家级学会、军队和湖南省优秀博士论文。希望通过这套丛书的出版,为共同在智能时代"无人区"拼搏奋斗的同仁们提供借鉴和参考。在此,一并感谢各位编委以及国防工业出版社的大力支持!

吴美平

2022 年 12 月

前　言

视觉同步定位与建图（视觉 SLAM、VSLAM）是移动机器人实现自定位和环境感知的关键技术。随着三维视觉相机（RGBD 相机）技术的成熟，基于三维视觉的 SLAM 逐渐成为机器人领域中的一个重要研究方向。三维视觉所包含的信息类型更加丰富，对信息的合理组织与使用提出了更高的要求。本书从一名视觉 SLAM 开发人员的角度，围绕三维视觉 SLAM 中的视觉特征提取、视觉里程计、闭环检测、地图构建等关键步骤依次进行介绍，并构建了完整的三维视觉 SLAM 系统，着重介绍多种信息在 SLAM 中的合理融合使用的问题。

（1）视觉特征提取是视觉 SLAM 的基础。针对三维视觉中的彩色信息和深度信息的充分利用与互补性结合问题，本书介绍了一种基于透视不变特征变换的三维视觉特征提取方法，所提取的特征具有透视不变性，称为透视不变特征变换（perspective invariant feature transform，PIFT）。该特征提取方法充分考虑了三维视觉中的彩色信息和深度信息的不同物理特性，将二者分别用于特征提取过程的不同阶段，并提取出对成像视角变化具有较强鲁棒性的包含颜色信息的特征描述子。该特征提取方法实现了三维视觉中的彩色信息和深度信息的有机融合，既有助于提高 SLAM 问题中的定位精度，又具有较好的实时性能。

（2）视觉里程计是实现连续的增量式的机器人定位的核心，它与视觉特征提取过程一起称为视觉 SLAM 系统的前端。针对三维视觉的多种特征信息在视觉里程计中的互补性结合问题，本书介绍了一种基于混合信息残差的 RGBD 视觉里程计（hybrid-residual-based visual odometry，HRVO）。HRVO 实现了将重投影信息、光度学信息、深度信息这三种不同类型的特征信息统一到联合优化框架下，提高了视觉里程计的精度和鲁棒性。

（3）闭环检测是视觉 SLAM 的后端，是消除视觉 SLAM 累积定位误差的有效手段,也是保证建图一致性的关键步骤。受人类视觉重定位机制启发,本书介绍了一种结合位姿与外观信息的闭环检测方法(pose-appearance-based loop,PALoop)。PALoop 基于 SLAM 方法本身的应用特性,将 SLAM 所提供的位姿信息与传统图像外观信息相结合,提出了结合位姿与外观两种信息的闭环概率计算方法。其中的位姿与外观两种信息实现了优势互补,在整体上提升了闭环检测性能和实时性。

(4)地图构建也是视觉 SLAM 的后端模块,SLAM 所构建的地图是移动机器人对环境感知的表现形式,它不仅可以用于机器人的定位,还可以为机器人的路径规划、任务决策等其他行为提供基础。本书介绍了基于滑动窗口的局部地图优化方法和闭环检测后的全局地图优化方法。针对稠密点云地图,还介绍了稠密点云的栅格表示方法和表面模型表示方法。

基于上述关键技术,本书构建了三维视觉 SLAM 系统,称为融合多信息的三维视觉 SLAM(3D visual SLAM with hybrid information,HI-3DVSLAM)。本书中的 SLAM 方法能够实现机器人在室内环境与室外环境下的实时精确的定位,同时建立稠密的三维环境地图,具有较好的环境表示能力。

本书是研究团队近年来集体智慧的结晶,参与研究的还有郑志强教授、卢惠民教授、肖军浩副教授、曾志文副教授、黄开宏讲师、代维助理研究员,以及历届研究生熊丹、梁杰、郑小祥、任君凯、姚伟嘉、程帅、杨祥林、欧阳波、黄玉玺、程球、刘懿、钟煜华、罗莎、熊敏君、陈鹏、王盼、马俊冲、王润泽、洪少尊、闫若怡、李义、邱启航、韩冰心、朱珊珊、陈谢沅澧、周智千、李筱、施成浩等。研究组在开展相关研究过程中得到了国家重点研发计划(2017YFC0803300)的资助,以及由国家自然科学基金(NO. 61403409,NO. 61503401,NO. 61773393)和博士后基金(NO. 2014M562648)的资助。

作者

2022 年 5 月于长沙

目　录

第1章　绪　　论

1.1　背景和意义

1.1.1　背景

机器人技术是一个融合了多个基础科学和工程技术的交叉研究领域，出现在20世纪中叶，经过几十年的研究，已经得到了长足发展，开始走出实验室，走进工作和生活。特别是近几年，随着新材料、高精度机械和控制系统、高精度传感器、高性能处理器，以及人工智能等技术的发展，机器人技术的发展也走上了快车道，取得了丰硕的成果，在军用、警用、教育科研、太空探索、交通、安保、灾难搜救等领域已经开始逐步实用化。图1.1展示了一些在不同领域的机器人实例。波士顿动力公司的Atlas机器人是一款成人身高的双足机器人，具有灵活的运动能力和较强的负重能力，有一定的军事应用前景。Aldebaran Robotics公司的Nao机器人是一款小型机器人，主要用于科研和教育用途。波士顿动力公司的SpotMini四足机器人具有灵巧稳定的运动能力，擅长灵巧搬运。美国KnightScope机器人是一款智能安保机器人，具有较强的自主环境巡检能力。我国国防科技大学的NuBot救援机器人是一款履带式机器人，具有较强的复杂地形通过能力和生命搜救能力。美国iRobot公司的Roomba机器人是一款全球高销量的自主扫地机器人。京东无人配送车能够自主实现室外长距离的快递配送服务。中国“玉兔”号月球车是一款用于月球探索的机器人。

随着机器人从实验室走进工作和生活，其工作环境也更加复杂，这对自主移动机器人的环境感知能力提出了更高的新要求。机器人要实现在未知环境中的自主移动，需要解决3个基本的问题[1]：一是自定位，即判断机器人在环境中所处的位置，其中的环境既可以表示机器人在线生成的相对地图，也可以表示离线的全局地图，如谷歌地图等；二是目的地的选择，即机器人根据任务需求，选择所要到达的目的地，其中目的地的空间位置既可以表示相对于机器人自身位置的相对坐标，也可以表示在地图中的全局坐标；三是路径规划，即根据机器人存储或感知的环境中的道路和障碍物等信息,规划一条可行的行驶轨迹,以便到达目的地。从自主移动机器人的这三个基本任务可以看出,机器人对环境的感知极其重要,定位和地图构建是机器人能够自主移动的基础与关键。

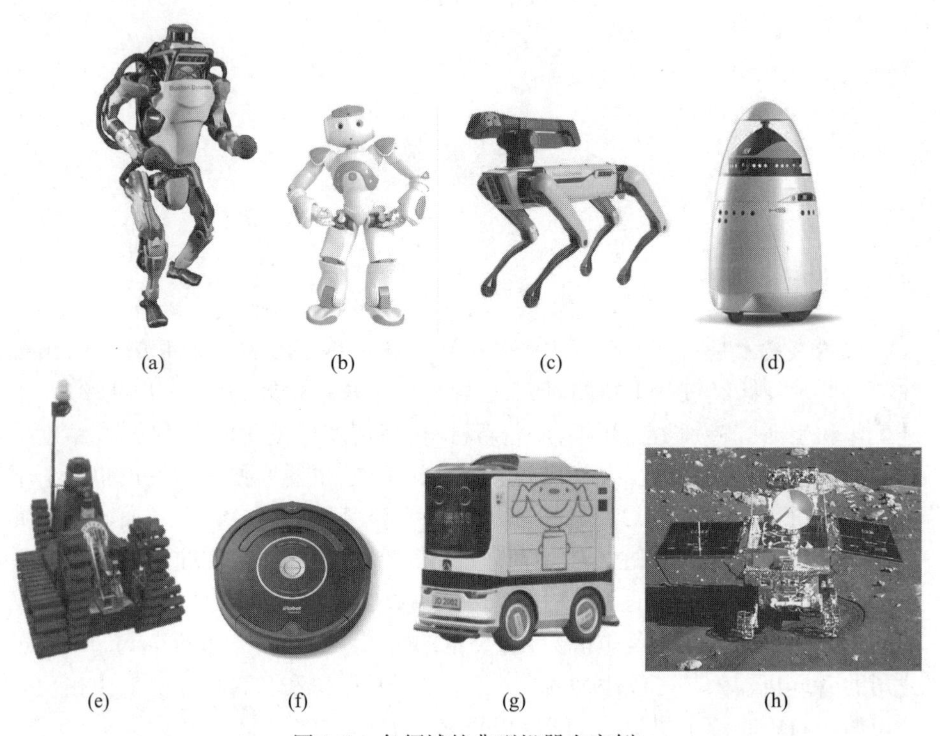

图 1.1　各领域的典型机器人实例

(a)波士顿动力 Atlas 机器人;(b)Aldebaran Robotics 公司的 Nao 机器人;(c)波士顿动力公司的 Spot-Mini 机器人;(d)美国 KnightScope 公司的安保机器人;(e)国防科技大学的 NuBot 救援机器人;(f)美国 iRobot 公司的 Roomba 自主扫地机器人;(g)京东无人配送车;(h)中国“玉兔”号月球车。

地图构建简称建图,是研究如何把传感器所收集到的信息,集成到一个一致性的地图模型上的问题,本质上是一种对外部环境的表示。定位则是求解机器人在地图中的位姿(位置和姿态)的过程。对于在已知环境中的机器人,可以利用已知的环境信息直接实现自主定位,这个问题目前已经具备成熟的解决方案;但在未知环境中的机器人,则必须在自主定位的同时,增量式地构建环境地图,这就是移动机器人的同步定位与建图(simultaneous localisation and mapping, SLAM)问题,最早是由 Smith 等提出的[2-3]。

在 SLAM 中所使用的传感器一般有声呐、激光雷达和相机等。其中,声呐的价格低廉、体积小巧,但定位精度较低,主要应用于早期SLAM研究。激光雷达拥有很高的测量精度,但是价格相对昂贵,在机器人SLAM研究中被广泛使用。相机的价格相对于激光雷达更加低廉,并且能够感知环境的颜色信息,是机器人SLAM研究中另一个被广泛使用的传感器。使用相机作为传感器的SLAM方法称为视觉SLAM。视觉包含的环境信息十分丰富,是机器人感知环境最重要的方式之一。在过去的几十年发展中,机器人视觉技术得到了突飞猛进的进步,使得机器人的环境感知能力大幅提升,视觉SLAM相关研究也取得了很大的进展。另外,将视觉与其他传感器信息进行融合,构建多传感器SLAM系统也是机器人领域的一个重要研究方向。多传感器融合的前提是需要单个传感器方法得到了充分发展,在此基础上,多传感器系统才能充分发挥每种独立方法的优势。

1.1.2 意义

尽管目前的视觉SLAM技术已经取得了很丰硕的研究成果,但是仍然表现为对二维平面环境的感知能力强,对三维空间的环境感知能力弱的特点;另外,视觉SLAM普遍使用的是单目相机,而对新技术的相机缺乏充分研究和利用。

三维视觉传感器是一种将传统彩色相机与深度传感系统相结合的设备,其中的深度是指物体在相机坐标系下沿相机主光轴方向的垂直距离,本书在下面的介绍中将物体在相机坐标系下的垂直距离信息统一称为深度(depth)信息,由深度信息在相机成像平面上所构成的图像称为深度图像。深度图像与彩色图像一起构成了RGBD(彩色与深度)图像,因此三维视觉传感器也称为RGBD相机。

随着RGBD相机技术的成熟,三维视觉SLAM逐渐引起了研究者的注意。基于图像深度信息,一方面可以在定位过程中使用更为丰富的视觉信息,来提高定位的精度和鲁棒性;另一方面也可以在构建的地图中将环境信息表达得更加丰富,并使构建的地图具有真实的尺度,为机器人的自主运行和任务决策提供基础保障。但是,正是由于三维视觉所包含的信息量更大,因此对信息的合理组织与使用提出了更高的要求。

为了充分利用RGBD相机丰富的视觉信息,以提高机器人定位的精度和地图表示的丰富程度,本书重点介绍三维视觉的多种信息如何在SLAM中的合理融合使用的问题。为了充分利用近几年RGBD视觉传感器的发展成果,探索其在机器人SLAM问题中的新应用,本书将介绍三维视觉SLAM问题,提高机器人的环境感知能力。此外,三维视觉SLAM也可以为其他传感器的融合奠定技术基础。

1.2 国内外发展现状

SLAM 问题可以描述为:机器人在未知环境中从一个未知位置开始移动,在移动过程中根据之前自身状态和当前传感器数据进行自定位,同时增量式地构建地图。在视觉 SLAM 中,机器人利用视觉检测未知环境中的一些相对稳定的特征标志,如角点等,然后根据机器人与特征标志之间的相对位置关系来计算机器人的当前位姿。其一般的信息处理过程如图 1.2 所示。

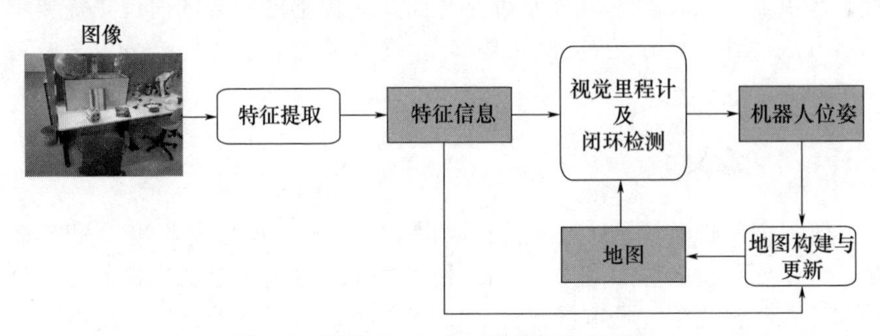

图 1.2 视觉 SLAM 的一般信息处理过程

视觉 SLAM 可以分为 4 个方面的主要工作:一是将相机等视觉设备所获取的图像进行特征提取,获取当前场景的特征信息;二是利用当前图像的特征信息以及存储的地图,计算机器人的当前位姿,实现增量式的视觉里程计;三是根据机器人当前帧图像和地图信息进行数据匹配,闭环检测;四是地图构建与更新,包括局部地图的路标点添加与优化、闭环后的全局地图优化,以及地图可视化等处理。下面将从这 4 个方面分别阐述国内外相关的研究现状。

1.2.1 视觉特征提取

视觉 SLAM 的定位所依靠的是环境中稳定的特征,所创建的地图也必须包含这些特征信息以用于定位。因此,视觉特征的研究可以说是视觉 SLAM 问题的基础。视觉特征提取是一种从图像中提取稳定的和具有辨识性的信息的过程,这样既避免了对整幅图像全部信息进行处理的巨大计算负担,也避免了图像中大量不稳定、不具有辨识性或无意义信息的干扰,进而提高视觉处理的速度、精度和鲁棒性等性能。

角点是在视觉研究领域被广泛应用的特征。尺度不变特征变换[4](scale invariant feature transform,SIFT)特征通过高斯图像金字塔方法,使得提取的角点特征对尺度变化具有不变性。根据特征检测的尺度,在该角点邻域选择一个带尺度的邻域窗口,然后统计窗口中的梯度直方图作为特征描述子。最后通过计算梯度主方向,使得 SIFT 特征具有方向不变性。加速鲁棒特征[5](speeded up robust features,SURF)对 SIFT 特征进行了改进,利用盒状滤波器代替高斯核,并使用积分图像来加速卷积过程,极大地提高了算法的实时性能。SIFT 和 SURF 特征都是浮点数表示的特征描述子,具有较为精细的表达能力,但是在特征匹配时,需要计算任意两个特征描述子之间的欧氏距离,给机器人带来了繁重的计算负担。不同于 SIFT 和 SURF 的浮点型特征描述子,图像二进制鲁棒独立基本特征[6](binary robust independent elementary features,BRIEF)是一种二值化的位字符串形式的特征描述子。它可以使用汉明(Hamming)距离来快速地进行特征之间的匹配,极大地提高了算法的实时性。BRIEF 特征在角点邻域窗口内按一定规则随机选择多组像素点对,通过比较每组点对中的两个像素点的亮度值,生成一串二进制字符串作为特征描述子。二进制鲁棒尺度不变关键点[7](binary robust invariant scalable keypoints,BRISK)在多尺度图像空间中使用改进的加速分割测试特征[8](features from accelerated segment test,FAST)角点检测,在角点的圆形邻域内进行平滑采样,得到采样点的亮度值,再计算所有采样点处的邻域梯度并选择最强的梯度方向作为主方向。最后利用每两个采样点为一组的亮度对比,生成具有尺度旋转不变性的二值化特征描述子。方向 FAST 结合旋转 BRIEF[9](oriented FAST and rotated BRIEF,ORB)特征同样使用多尺度 FAST 角点检测,特征的主方向使用了角点的邻域亮度主方向,再使用 BRIEF 特征描述子在旋转至主方向后的邻域窗口中生成特征描述子。快速视网膜特征点[10](fast retina keypoint,FREAK)也是一种二值化的特征,但是与 BRISK 和 ORB 特征不同的是,在选取采样点对的时候,它受到人眼视网膜视觉机制的启发,使用了中间稠密、外围稀疏的策略。

以上各种角点特征的提取方法虽然各不相同,但是都是在单目二维图像上进行特征检测的,并注重解决特征在二维图像中的尺度不变性和旋转不变性问题,从而使得特征具有更强的鲁棒性。正是得益于这些特征的良好性能,它们在图像匹配、图像分类、目标检测与识别,以及视觉 SLAM 等领域才得到了广泛应用。

随着三维视觉技术的发展,三维点特征逐渐成为热点研究对象。由于三维视觉包含深度信息,因此它相比于单目视觉而言具有更强的空间表示能力。这使得三维特征天然具有真实尺度信息,从而具有尺度不变性,而对于二维图像特征而言,要想实现特征的尺度不变性,则需要在图像上进行多尺度搜索才能实现。同时,二维特征的旋转不变性可以在三维空间中扩展为姿态不变性,从而使三维特征具有更鲁棒的性能。

与三维激光雷达数据类似,三维视觉的图像像素可以直接变换成三维点云形式,然后按照三维点云的特征提取方法来提取特征。SIFT3D[11-12] 是二维 SIFT 特征在三维空间的扩展,可以从三维点云中提取三维角点特征,特征的性能与 SIFT 类似,具有尺度和姿态不变性,但计算量较大。点特征直方图[13] (point feature histogram,PFH)计算了特征点空间邻域内所有三维点两两之间的空间关系和法线关系,并统计生成一组直方图作为特征描述子,该描述子同样具有姿态不变性。快速点特征直方图[14](fast point feature histograms,FPFH)简化并加速了 PFH 特征描述子的提取过程,在较少的性能损失的同时,显著降低了算法的计算复杂度,提高了算法的实时性。方向直方图特征[15](signature of histograms of orientations,SHOT)是一个三维特征描述子,通过计算三维特征点的 32 个空间邻域的法线,构建方向直方图作为特征向量,对计算结果进行归一化,使其对点云密度具有鲁棒性,得到一个 352 维的浮点数特征描述子。另外,对于三维点云而言,也可以不进行特征提取,而是直接对三维点云数据进行处理,这种情况等价于将每个三维点的空间坐标作为一个点特征[16-17]。

与三维激光雷达数据不同的是,三维视觉的深度信息是以稠密的深度图像形式获取的,因此,可以借鉴普通图像的处理方法来处理深度图像。法线对齐的径向特征[18](normal aligned radial features,NARF)方法与传统亮度图像的处理方法一样,在深度图像上提取角点,但是这种角点的含义由亮度角点变成了空间角点。然后通过统计角点邻域窗口的深度值变化,生成一个 36 维浮点数的特征向量作为特征描述子。特征描述子同样可以旋转到角点的深度主方向上,来实现特征的旋转不变性。深度核特征描述子[19](depth kernel descriptors)是专门针对深度图像设计的。它使用一组卷积核来分别表示目标的尺寸、形状、深度边缘信息,并最终使用主成分分析(principal component analysis,PCA)生成一个 1000 维的特征向量。

以上基于三维点云或基于深度图像的特征提取方法,都仅利用了空间信息,而忽略了图像的彩色或亮度信息。由于三维视觉能够同时获取丰富的彩色信息和空间信息,因此将两种信息结合起来的特征提取方法也在近几年引起关注。

彩色方向直方图特征[20](color-SHOT,CSHOT)将彩色信息结合到了 SHOT 特征的提取过程中。它在计算空间邻域法线直方图的同时,用同样的方法计算邻域的颜色直方图,最后将两个直方图拼接起来,生成浮点数类型的颜色形状特征描述子。二进制鲁棒外观和法线描述符[21](binary robust appearance and normals descriptor,BRAND)同样在彩色图像和深度图像上分别使用相同的方法生成二值化的特征向量,与 CSHOT 的直接拼接操作不同,BRAND 将两个特征向量按位进行“或”操作,生成一个融合的二值化特征描述子。另外,还有通过学习或训练的方法将两种信息一起作为输入,训练得到特征描述子,这类方法主要用于物体识别[22-23]、场景分类[24]等应用。

以上将颜色或亮度信息与深度信息结合使用的特征提取方法尽管获得了较好的效果,但是它们对于这两种不同的信息采用了相同的处理方式,而没有深入考虑这两种信息的物理意义。因此如何充分利用三维视觉两种信息的物理特性,提取更稳定和有辨识度的特征,仍然值得进一步深入研究。

除了点特征,针对特殊的应用环境可以使用其他一些如线特征、平面特征、精确物体模型特征和语义特征等高层次特征,这也是SLAM中的一个重要研究方向。图1.3列出了视觉SLAM中所使用的几种典型特征。

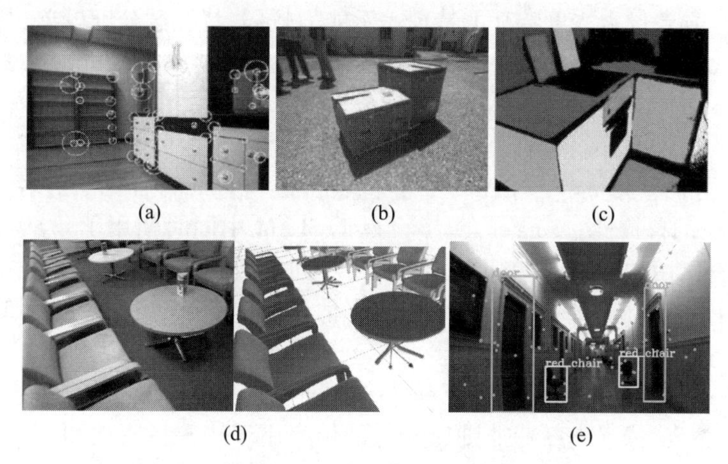

(a) (b) (c)

(d) (e)

图1.3 视觉SLAM中所使用的几种典型特征

(a)点特征;(b)线特征;(c)平面特征;(d)物体模型特征;(e)语义特征。

线特征[25-27]和平面特征[28-30]的使用对于室内等人造环境具有很好的效果,相对于点特征也具有更好的鲁棒性和更好的环境表达能力,但是其对应用环境的要求也更为苛刻,在没有清晰的线条和平面的非结构化环境下则无法使用。在已知某些特定物体几何模型的情况下,也可以使用物体模型特征进行SLAM[31-33]。物体模型特征具有更强的参数化约束,可以使SLAM具有更高的精度和鲁棒性,同时可以使构建的地图具有更强的环境信息表达能力。这也导致基于物体模型特征的SLAM对使用环境的要求更加苛刻,只能在特定的环境下使用。语义特征是随着视觉目标识别与检测技术的快速发展而逐渐被应用于视觉SLAM中的[34-35]。语义特征是指对环境中的物体进行检测和识别,对物体附加的一个标签来表示该物体的类别或属性,这个标签称为物体的语义特征。与物体模型特征类似,语义特征同样具有很强的鲁棒性,只能在特定的环境下使用。另外,由于语义特征的几何定位精度不高,使得其在 SLAM 中的应用受到了限制,一般只用于位姿估计时的辅助约束以及地图信息标注。

无论是点特征还是其他高层次特征,在利用它们进行 SLAM 时都需要先进行特征描述,利用得到的特征向量、参数模型或语义标签等特征信息进行特征匹配,最后利用特征匹配的结果进行位姿的估计。因此,这种利用特征匹配的 SLAM 方法,又称为间接法。与间接法相对的则是直接法[36]。

直接法不需要对特征点进行复杂的特征描述,而是直接使用像素光度值来表示特征信息。这种像素光度特征不同于其他特征提取方法,保留了最原始的图像信息,直接用于估计位姿,从而保证了位姿估计的最优性。目前,直接法已经成为一种精度最高的视觉位姿估计方法[36-38]。但是同时,因为缺乏特征描述子的约束,导致像素光度特征的特征表示能力较弱,特征区分度较差,从而限制了视觉 SLAM 的鲁棒性,尤其是在相机图像输出低帧率低或机器人快速运动时,视觉 SLAM 易因陷入局部极值而定位失败。

另外,使用两种以上的视觉特征来提高 SLAM 算法的精度和鲁棒性,也是一个研究方向。Jeong[39] 与 Ahn[40] 等将点特征与直线特征结合使用,提高了 SLAM 算法的鲁棒性。Forster 等[41] 在视觉 SLAM 中同时使用了角点特征和像素光度特征,两种不同的特征在 SLAM 的不同阶段被分别使用。其中,像素光度特征用于粗略位姿估计,并使用该位姿估计来辅助筛选特征匹配,最后用筛选过的特征匹配估计最终的机器人位姿。Krombach 等[42] 在视觉 SLAM 的两个并列线程中分别使用了角点特征和像素光度特征。其中角点特征用于实时估计机器人位姿,像素光度特征则以较低的帧率用于构建稠密地图,并且将前者估计的位姿作为后者的初值。

综上所述,特征提取是视觉 SLAM 的基础,不同的特征具备各自的优点和缺点,如何设计或选择合适的特征提取方法对视觉 SLAM 至关重要。对于三维视觉 SLAM 而言,三维视觉特征提取方法仍处于发展时期,可以使用的现有三维特征有限,如何在充分借鉴现有成熟的特征提取方法的基础上,设计一种能够充分利用三维视觉丰富信息的三维视觉特征仍然是一个值得研究的课题。

1.2.2 视觉里程计

视觉里程计就是使用视觉信息实现机器人增量式位姿估计的方法,是实现机器人自定位的最核心工作。视觉里程计根据相机观测到的环境特征信息和机器人自身存储的地图信息来估计自身的位置与姿态,实现连续的增量式的机器人定位功能。视觉里程计与视觉特征提取过程称为视觉 SLAM 系统的前端。与之相对应的,SLAM 系统的后端则是闭环检测(1.2.3 节)和地图构建与更新

(1.2.4 节)。

Smith 等[3]在 1990 年将 SLAM 问题总结为是一种随机状态估计问题,随后 Thrun 等[43]将该随机估计问题进一步统一到贝叶斯理论框架下,成为一种概率极值的最优估计问题。Klein 等[44]将 SLAM 问题中的定位与建图任务解耦,分别称为 SLAM 系统的前端和后端,奠定了现代 SLAM 系统的基本框架。

视觉里程计的位姿估计过程与视觉特征的表示形式是有一定关系的,如根据是否对特征点进行提取特征描述子的操作可以分为直接法和间接法,根据特征点数量的多少又可以分为稠密法和稀疏法[36]。如果不考虑特征提取方法对位姿估计方法的影响,而从算法所使用的理论框架角度来看,视觉里程计的位姿估计方法经历了从滤波方法到非线性优化方法的发展历程。

基于滤波的方法将视觉里程计的位姿估计问题理解为“估计—校正”过程,即根据机器人上一帧的位姿以及运动模型,来预估当前位姿,然后利用视觉观测到的环境信息来校正位姿估计结果。这一“估计—校正”过程可以使用滤波算法来实现,因此这类方法称为基于滤波的方法。根据所使用的滤波器类型的不同,可以将视觉里程计分为线性滤波方法和非线性滤波方法两类。线性滤波是将位姿估计过程的非线性模型进行线性化,进而利用线性代数算法进行求解,其中的代表是由 Smith 等提出的基于扩展卡尔曼滤波器(extended kalman filter,EKF)的 SLAM 方法[3]。非线性滤波是不对模型进行线性化,而直接使用非线性滤波器来估计位姿。这样可以更好地表示机器人的非线性、非高斯运动模型。例如,Thrun 等将蒙特卡罗(Monte Carlo)统计方法引入到 SLAM 中,提出了一种基于粒子滤波器(particle filter)的 FastSLAM 方法[45-46]。该算法使用粒子滤波器中的每个粒子表示一个机器人的可能运动状态,利用观测信息计算粒子权重。同时,FastSLAM 可以与卡尔曼滤波器结合使用,分别估计每个粒子的状态。

最优位姿估计问题本质上是一个非线性最小二乘模型的最优求解问题。从相机成像的透视几何模型角度来看,该问题被称为 PnP 问题(perspective-n-point)。它是通过一组已知的三维地图点及其对应的二维图像投影,来估计当前的相机位姿的问题。最简单的 PnP 模型是当 $n = 3$ 时,即只有 3 个三维地图点及其对应的二维图像投影,称为 P3P 问题,此时问题退化为唯一解的代数求解问题。当 $n > 3$ 时,是一个非线性最小二乘问题,可以使用线性代数方法进行线性化求解,包括直接线性变换算法(direct linear transformation,DLT)[47-48]、EPnP 算法(efficient PnP)[49]、UPnP 算法(uncalibrated PnP)[50]等。

从最优化过程的角度来看,最优位姿估计问题称为集束调整(bundle adjustment,BA)问题[51],也称为光束平差。所谓“集束”,是指所有的三维地图点透视投影到成像平面并最终汇聚到镜头中心的视线集合。所谓“调整”,是指这些集束随着待估计参数的变化而变化,最终达到最优状态。集束调整问题可以使用非线性优化的方法来求解,特别是随着非线性优化技术的发展以及计算机性能的普遍提高,非线性优化方法越来越受到研究人员的重视[52]。Mur-Artal 等使用特征点的观测模型,计算特征点在图像上的重投影残差,通过非线性优化来最小化重投影残差,提出了 ORB-SLAM 方法[53],实现了高精度和鲁棒的视觉定位。Labbé 等利用三维视觉相机可以感知环境深度的优点,同样使用非线性优化方法来最小化重投影残差,实现了具有真实尺度的三维视觉 SLAM[54]。Mur-Artal 等同样利用了三维视觉相机的深度感知优势,在 ORB-SLAM 基础上,针对三维视觉相机模型,同时优化特征点的重投影残差和立体视差,实现了基于三维视觉的 ORB-SLAM2 方法[55]。与最小化重投影残差方法不同,Newcombe 等不对图像进行角点特征提取,而是直接使用了像素光度(亮度)特征实现了稠密的位姿估计和建图(dense tracking and mapping,DTAM)[37]:当一帧图像中的像素点投影到另一帧图像上时,对应像素的亮度会与投影像素存在偏差,称为光度误差,再利用非线性优化的方法,求解最小化光度误差问题,从而优化得到最优的位姿估计。但是该方法需要使用稠密的像素来参与计算,计算量很大,需要使用显卡设备才能满足实时性要求。同样是使用非线性优化来求解最小化光度误差问题,Engel 等通过合理选取图像像素点,且不对地图进行稠密重建,极大地提高了 SLAM 方法的实时性,提出了一种不依赖于显卡的实时 LSD-SLAM(large-scale direct SLAM)方法[38]且仍然能够构建半稠密地图。Engel 等在 LSD-SLAM 方法的基础上,通过更精细的相机的光度学建模,提出了精度更高的稀疏直接方法[36]和半稠密直接方法[56]。

1.2.3 闭环检测

闭环检测是消除视觉里程计累积误差的有效手段,它本质上是一种重定位方法,通过判断机器人是否重新回到了某个地点,并在这个地点中重新定位,来消除这期间的累积误差。

随着机器人在环境中的移动,基于视觉的 SLAM 为机器人提供了增量式的定位,同时增量式地构建环境地图。作为一种增量式定位方法,系统不可避免地存在误差累积问题,也称为定位漂移问题,这种现象对于长距离和大范围 SLAM 而言更为突出。而闭环检测是消除这种累积误差的有效手段。

传统的闭环检测问题是伴随着二维平面 SLAM 问题而提出的,最直接的解决方法是直接在已知的地图中尝试全局定位。例如,Gutmann 等提出了一种用于栅格地图的闭环检测方法,称为“局部配准全局关联”(local registration and global correlation)方法[57];Hess 等使用分支定界(branch-and-bound)法来扫描子地图,提高全局定位效率[58]。另外,一种解决方法是对地图提取特征并建立数据库,通过当前机器人传感器采集到的特征集与该地图特征数据库进行匹配来检测闭环,这也是目前视觉SLAM中所广泛使用的方法。

对于视觉SLAM而言,闭环检测就是通过视觉图像来判断当前帧图像是否与地图中的某一已知场景相匹配,来判断当前机器人位置是否形成了闭环。因此视觉闭环检测本质上是一种图像匹配或图像检索问题,目前基于视觉的闭环检测算法主要是借鉴计算机视觉领域的图像匹配或图像检算法。然而与一般意义上的图像匹配或图像检索问题不同的是,视觉闭环检测面临着检索数据库不断增大的问题,这是由视觉SLAM中的地图增量式构建所决定的。因此视觉闭环检测必须具备较高的实时性,以满足整个视觉SLAM系统的实时性要求。

词汇袋(bag-of-words,BoW)模型[59-60]又称为特征袋(bag-of-features,BoF)模型,是一种被广泛使用的图像特征压缩和表示方法,可以显著加快视觉闭环检测任务中的图像匹配速度。首先离线使用大量图像特征数据训练生成视觉词典,如使用K均值算法[61]来进行训练,并使用树型数据组织结构来高效组织,如KD树[62],最终生成的视觉词典即可以通过树型数据索引的方式将任意一个特征向量表示为一个节点,称为一个单词,且一个单词可以表示一组相近的特征向量,进而达到特征的压缩表示的目的。因此,任意一幅图像所包含的大量特征可以表示成一组视觉单词,即词袋,进而任意两幅图像之间的相似性即可以使用这两个词袋之间的相似性来度量,而避免大量的特征向量的相似性计算,从而降低计算复杂度,提高实时性能。

除了词汇袋模型,还有其他算法也可以用于图像相似性比较。Jaakkola等提出了一种Fisher核方法[63-64],同样需要离线训练模型,然后对输入图像的所有特征向量进行梯度计算,并最终生成一个固定长度的向量来表示整幅图像。Jégou等在Fisher核方法的基础上提出了一种局部聚合描述符向量(vector of locally aggregated descriptors,VLAD)方法[65],降低了生成的图像特征描述向量的维数,提高了在图像匹配时的计算速度。尽管Fisher核方法和VLAD方法在传统图像检索领域具有很好的性能,但是它们的计算复杂度较高,难以满足视觉SLAM的实时性要求。另外,随着机器学习特别是深度学习技术的发展,也有人开始研究使用学习的方法来进行图像匹配和视觉闭环检测[66-69],但是由于此类方法计算复杂,需要一块图形显卡(GPU)来加速计算过程,而限制了此类算法在移动机器人上的广泛应用。

近几年,在BoW的基础上衍生出多种改进算法应用于视觉SLAM的闭环检测,并取得了较好的闭环检测效果。Angeli等在BoW的基础上,提出了基于外观的增量式建图(incremental appearance-based mapping,IAB-MAP)[70]方法,该方法在视觉词典中增加了颜色梯度特征,并且能够增量式地构建视觉词典,最后利用词汇袋的相似性比较结果,对当前图像和候选闭环图像进行几何一致性检验,来保证闭环结果的准确可靠。其中,几何一致性检验是利用对极几何关系,使用两幅图像的特征点来计算两幅图像之间的变换基础矩阵,如果存在这样的基础矩阵,使得大部分的特征点满足该变换关系,即大部分特征点是内点(in-liers),就认为闭环成功。Callmer 等提出了一种基于分层视觉词典树的闭环检测算法[71],提高了闭环检测的实时性。李博等基于视觉词典的树型结构和词频-逆向文件频率(term frequency-inverse document frequency, TF-IDF)[72-73]检索方法,提出了一种分层金字塔结构的视觉匹配方法[74],实现了多尺度的视觉词典匹配和闭环检测。Cummins 等同样使用视觉词典来表示地图中的场景,提出了一种基于外观的快速建图(fast appearance-based mapping, FAB-MAP)方法[38,75-76],该方法引入了 Chow-Liu 树[77]来建立视觉单词在地图中的分布模型,克服了视觉单词间的独立性假设,最后利用当前图像所包含的单词在地图中的分布情况进行贝叶斯估计,作为最终的闭环概率。Gálvez-López 等在 BoW 的基础上提出了一种闭环检测方法:基于词汇袋的闭环检测(DLoopDetector)方法[78-79],它在 BoW 相似性基础上,同时使用了序列一致性检验和几何一致性检验方法,来提高闭环结果的准确性和可靠性。其中,序列一致性检验是指连续多帧图像同时与地图中的同一场景构成了闭环时,才认为此次闭环是可信的。Labbé 等针对 SLAM 中的地图规模不断增长的问题,设计了一种内存管理机制,提出了一种实时闭环检测方法:基于外观的实时建图(real-time appearance-based mapping, RTAB-MAP)[80-82]。该方法同样是基于 BoW 模型和贝叶斯估计方法来检测闭环的,但是通过分层维护局部地图、短程地图和长程地图,使得闭环检测不需要遍历整个地图,从而极大地提高了算法效率,特别适合长距离的 SLAM 方法。但是同时,算法仅使用了部分地图信息进行闭环检测,可能导致漏检闭环,甚至导致已构建地图的一致性遭到破坏。Mur-Artal 等[83]在 DLoopDetector 的基础上,使用了具有旋转不变性的 ORB 特征来取代 BRIEF 特征,极大地提高了算法对于图像旋转的鲁棒性,对于不同视角下场景的闭环检测具有更好的性能。

1.2.4 地图构建与更新

SLAM 中的地图是机器人对环境的表达和理解,其最主要的功能是用于移动机器人在地图中的定位。同时,移动机器人作为一个具有任务执行能力的系统,它的路径规划、任务决策等行为也都依赖于地图模型。因此,地图对于 SLAM 系统和整个机器人系统都是十分重要的。

1. 地图的表示形式

SLAM 地图的一个主要功能是用于机器人的定位,因此地图的表示形式在很大程度上与 SLAM 的定位方法有关。在传统的二维平面 SLAM 中,所构建的地图也是二维平面形式的,大致可分为栅格地图、特征地图和拓扑地图三类,如图 1.4 所示。

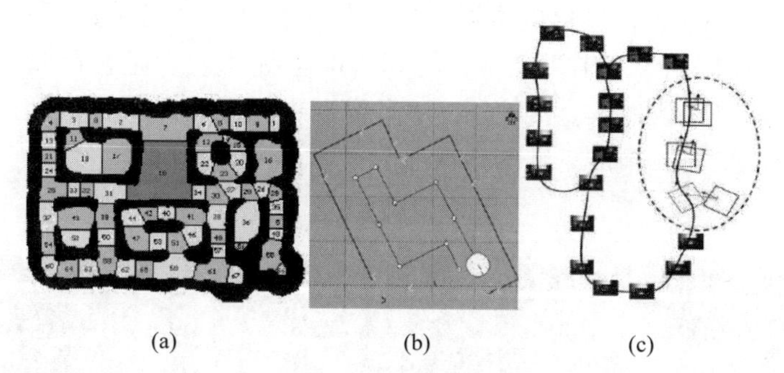

图 1.4 几种典型的二维地图表示形式

(a)栅格地图;(b)点与线特征地图;(c)拓扑地图。

(1)栅格地图(grid map)非常适合应用如超声阵列、激光雷达等距离传感器的建图过程[84]。该地图的表示方法不需要对传感器感知进行高级的特征提取,实现过程简单,在早期机器人 SLAM 系统中得到较好应用。

(2)基于特征的地图表示方法(feature map),利用从传感器信息中提取到的特征,如点或直线等,来构建地图[85]。这些几何特征也称为路标(landmark)。基于特征地图的表示方法更为紧凑,地图储存量小,更重要的是便于 SLAM 系统的视觉里程计,是目前视觉 SLAM 中一种主要的地图表示方法。

(3)拓扑地图(topological mapping)是一种更为紧凑的地图表示方法[86-87],这种方法将地图表示为一张拓扑图,用拓扑图的节点来表示地图中的一个地点或区域。地图的不同地点之间的空间连通关系则对应于拓扑图中节点之间的连接弧。拓扑地图表示方法特别适合大而简单的环境,同时可以利用拓扑连接关系实现快速的路径规划。但是由于拓扑地图忽略了环境的细节信息,难以用于机器人的精确定位和精细行为规划。

另外,将不同种类或不同尺度的地图结合使用,可以充分发挥它们之间的互补性优势,目前也取得了一些研究成果。Thrun 等[88]将栅格地图与拓扑地图在 SLAM 中同时使用,提高了地图的表示能力和算法的鲁棒性。Frese 等[89]在不同尺度下对地图进行表示,达到了降低地图维护成本,提高 SLAM 算法效率的目的。Ventura 等[90]和 Fernandez 等[91]将关键帧子地图与几何特征地图融合使用,解决了大范围场景中SLAM地图数据量大、计算复杂的问题。

随着三维SLAM方法的发展,三维地图表示形式逐渐取代二维地图,成为目前SLAM地图的主要表示形式。三维地图的表示形式是由机器人三维视觉里程计的需要所决定的,同时三维地图相比于二维地图对环境的表示能力大幅提升,为机器人的路径规划、任务决策等其他行为提供了更丰富的信息支持。

对于三维地图,最直接的方法是使用传感器获取的三维点云来进行表示,这种方法主要应用于三维激光雷达的SLAM建图[92]。但是它存储量大且不便于维护,并不利于机器人直接使用。一种简单的地图表示思路是可以直接参照二维地图表示方法,生成三维的栅格地图[93-94]或特征地图[27,30,33,35,95],如图1.5所示。

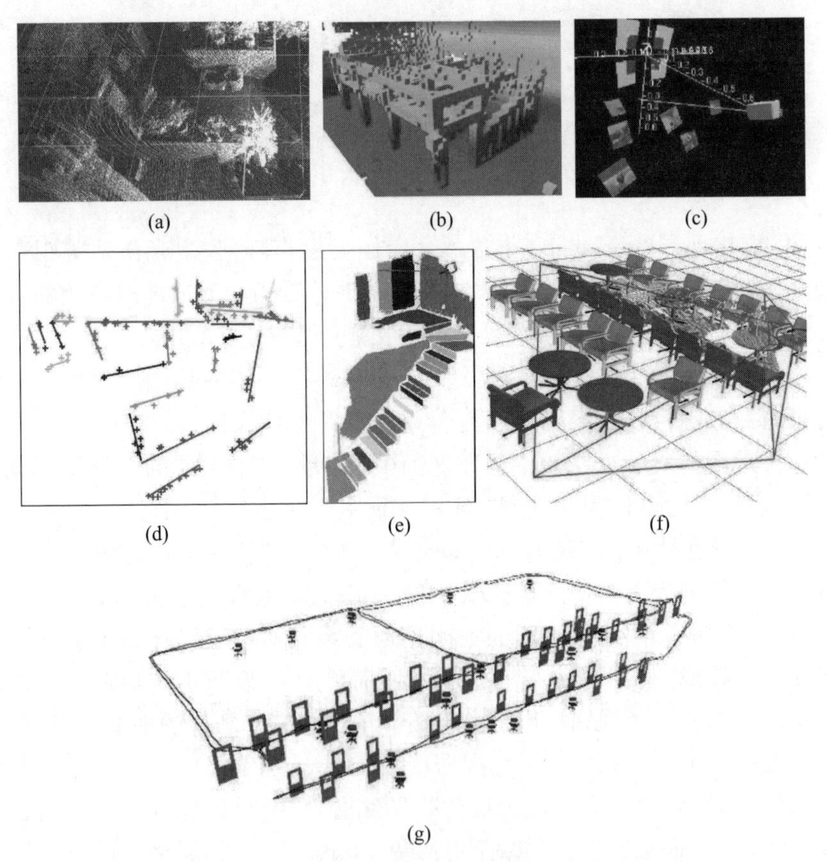

图1.5 几种典型的三维地图表示形式

(a)稠密点云地图;(b)八邻域栅格地图;(c)点特征地图;(d)线特征地图;(e)平面特征地图;(f)物体模型特征地图;(g)语义特征地图。

另外,由于视觉感知信息十分丰富,视觉 SLAM 地图还可以进一步表示成更为精细的形式,可以用于场景建模[96-97]、增强现实[98-99]等研究,主要有三维表面表示方式[100-102]和数字高程图(digital elevation map, DEM)表示方法[103-105]。这种地图通常是基于稠密三维点云地图进行二次处理得到的,具有更好的可视化效果,如图 1.6 所示。

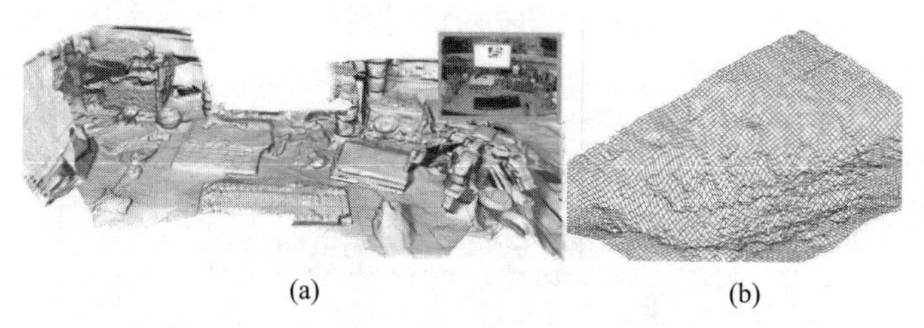

(a)　　(b)

图 1.6　基于表面模型的三维地图表示形式

(a)使用三维网格表示的场景;(b)数字高程图。

2. 地图的优化更新

SLAM 作为一种增量式定位与建图方法,所建立的地图也必须随着机器人的运动而不断地进行增量式更新。然而,由于环境中的特征信息可能会被传感器连续多帧所观测到,而每帧所对应的位姿状态存在一定的误差,所以,如果直接将每帧数据不做处理地添加进地图中,可能会导致地图模型不一致。为了保证地图的一致性,需要对多帧观测到的地图特征信息进行优化,这项工作称为局部地图优化。在传统二维平面 SLAM 方法中,Durrant-Whyte 等[106]利用地图几何模型将传感器信息添加到地图中,从而保证了地图在几何模型上的一致性。Lu 等[107]利用多帧之间的相对空间不确定性约束,基于极大似然准则对多帧进行联合位姿优化,从而达到多帧之间的空间一致性,进而保证地图的一致性。近年来,受从运动恢复结构(structure from motion, SFM)[108-109]技术发展的影响,基于非线性优化的局部地图优化方法受到广泛的重视和应用。与基于非线性优化的视觉里程计问题类似,基于非线性优化的局部地图优化同样是一个集束调整问题,但是增加了地图特征信息,需要调整的待估计参数更多。通过对多帧图像以及它们所共同观测到的特征点进行联合优化,从而保证了这些帧及特征点的最优性和一致性。但是同时,基于非线性优化的局部地图优化方法是一项计算量大且耗时的任务,因此如何提高算法实时性能也是十分重要的工作。Klein 等[44]将 SLAM 问题中的定位与建图任务解耦,分别在两个不同的线程中来执行,极大地提高了系统的实时性能。滑动窗口(sliding window)与关键帧技术[110-111]通过一定的规则添加和删除图像帧,维护一个局部窗口,对窗口内有限数量的图像帧做联合优化和更新地图,从而减少计算量。

另外,SLAM 算法闭环之后,也需要对地图进行调整,从而保证全局地图的一致性,这项工作称为全局地图优化。由于地图是随着机器人的运动而增量式构建的,而每个地图增量都与一个机器人位姿状态相互对应,因此全局地图优化又被称为全局轨迹优化。这一全局优化过程与局部地图优化过程类似,可以直接借鉴其技术方法。需要指出的是,与局部地图优化不同的是,由于地图的增大和优化对象的增加,计算量也急剧增加,因此全局地图优化一般只优化关键帧的位姿,而不再优化特征点的坐标,以减少计算量,最后根据优化后的关键帧位姿重绘地图。

1.3 本书关注的主要问题

视觉 SLAM 作为移动机器人定位与建图的重要手段,也是环境感知的重要方式,近年来已经取得了大量研究成果和应用。随着 RGBD 相机技术的成熟,三维视觉 SLAM 逐渐引起了研究者的注意,并取得了初步成果。然而,现有的三维视觉 SLAM 方法大多是由传统单目视觉 SLAM 改进而来的,对于三维视觉的丰富信息的利用不够充分。

本书从三维视觉的环境感知特点出发,针对移动机器人三维视觉 SLAM 的 4 个关键问题进行介绍,着重在特征提取、视觉里程计和闭环检测 3 个方面充分利用三维视觉多种信息的优势,提高三维视觉 SLAM 的精度和鲁棒性。

(1)视觉特征提取是视觉 SLAM 的基础,对于三维视觉 SLAM 而言,目前的特征提取方法对于三维视觉丰富信息的利用不充分。三维视觉传感器能够同时获取丰富的深度信息和彩色信息,然而目前的视觉特征提取方法一般仅利用了图像的亮度信息,或者将深度信息作为亮度信息的简单附加,而很少考虑图像中除亮度信息之外的颜色信息,更没有充分考虑颜色信息与深度信息之间的不同物理特性。这使得这些特征提取方法无法充分发挥三维视觉的优势。图像中的颜色信息包含的环境信息极为丰富,但是由于透视投影的原因,使其无法区分空间层次信息,直接导致表面纹理与空间边缘的混淆,并且对于视角变化更加敏感。RGBD 图像中的深度信息是与颜色信息完全不同类型的一种信息,它只包含空间信息,因此可以有效地表达空间层次和几何表面信息。但是同时,由于三维视觉传感器本身的性能限制,对于透明、反光的材质和距离过远的物体则无法感知其深度信息,导致深度图像通常存在一些数据缺失,深度图像的这种不稠密问题对视觉特征提取带来了前所未有的挑战。因此,如何根据三维视觉的多种信息之间的不同特性,在 RGBD 图像中提取合适的三维视觉特征,使其能够充分发挥三维视觉的多信息优势,对于三维视觉 SLAM 而言是一个亟待解决的基础性问题。

(2)视觉里程计是实现连续的增量式的机器人位姿估计的核心。相比于单目视觉,三维视觉提供了更丰富的信息,这为更高精度和更鲁棒的三维视觉 SLAM 提供了可能。但是同时,如何合理地使用多种不同的信息,充分发挥三维视觉的优势,又对视觉里程计方法提出了新的挑战。目前的三维视觉 SLAM 方法大多是由单目二维视觉 SLAM 方法改进而来的,对于三维视觉的深度信息的使用不够充分,仅将其用于提供真实尺度信息,以消除单目视觉的尺度不确定性,而很少有关于使用深度信息来帮助提高位姿优化精度和鲁棒性的研究。因此,如何充分发挥三维视觉的多信息优势,来提高视觉里程计的精度和鲁棒性,仍然是三维视觉 SLAM 中值得深入研究的一个关键问题。

(3)闭环检测是消除视觉 SLAM 累积定位误差的有效手段,也是保证建图一致性的关键步骤。然而,目前的视觉 SLAM 的闭环检测方法是从计算机视觉领域的图像检索和场景匹配算法借鉴而来的,没有考虑视觉 SLAM 本身的应用特点,闭环检测性能受限于所使用的图像检索和场景匹配方法。包括近几年基于机器学习技术的视觉闭环检测方法,尽管有了新的突破,但依旧是基于图像检索和场景匹配领域的机器学习算法。因此,为了进一步提高闭环检测的性能,仍然需要充分考虑视觉 SLAM 本身的应用特点,重新构建一个适合视觉 SLAM 的闭环检测方法,使其既能借鉴优秀的图像检索和场景匹配算法,又能在借鉴的基础上进一步提高视觉 SLAM 的闭环检测性能。

(4)地图构建也是视觉 SLAM 的后端模块,SLAM 所构建的地图是移动机器人对环境感知的表现形式,它不仅可以用于机器人的定位,还可以为机器人的路径规划、任务决策等其他行为提供基础。本书介绍了基于滑动窗口的局部地图优化方法和闭环检测后的全局地图优化方法。基于三维视觉所提供的彩色点云信息,构建稠密点云地图,还提供了稠密点云的栅格表示方法和表面模型表示方法。

针对三维视觉特征提取问题,本书拟从三维视觉传感器所获取的 RGBD 图像出发,分析其环境感知特点,分析 RGBD 图像中颜色信息和深度信息的数据特性,然后根据两种信息的不同特性,在特征提取过程中对它们分开使用,发挥各自的优势,实现优势互补。由于深度信息包含了环境的空间结构信息,可以将其主要用于解决特征描述子对视角敏感的问题,包括尺度不变性和旋转不变性。由于颜色信息包含了环境物体表面的丰富彩色信息,可以将其主要用来描述特征,生成特征向量。为了最大程度地提高特征之间的区分度,将使用彩色信息来描述特征,而不是像传统视觉特征描述方法那样,仅使用了亮度信息。同时为了解决颜色信息受光照条件影响比较大的问题,考虑将颜色信息转换到对光照比较鲁棒的色调饱和度亮度(hue,saturation-value,HSV)颜色空间来表示。

针对视觉里程计问题,本书拟利用 RGBD 图像的多信息的优势,联合使用多种不同的特征信息来提高三维视觉里程计的精度和鲁棒性。首先,对于最优位姿估计方法,目前的非线性优化方法已经全面取代滤波方法,本书将重点介绍和使用。然后,对于特征信息的使用,目前的单目视觉 SLAM 相关算法主要包含两类,基于重投影残差的特征点法和基于光度学残差的直接法,二者各有优势。其中,前者具有较好的鲁棒性,后者则具有更高的精度。本书拟将这两种方法结合起来,同时提高三维视觉里程计的精度和鲁棒性。另外,由于三维视觉相比较单目视觉额外提供了深度信息,本书拟将深度信息一并使用,形成 3 种特征信息融合的三维视觉里程计方法。

针对闭环检测问题,本书拟在传统的基于图像检索和场景匹配方法的基础上,充分考虑 SLAM 方法本身的应用特性,利用 SLAM 方法所提供的位姿信息,来增加额外的闭环检测约束,最终形成视觉信息和位姿信息相结合的闭环检测方法。其中,基于视觉信息可以计算两个场景图像的外观相似性,在传统方法中,这个外观相似性将作为闭环检测的核心标准;对于视觉 SLAM 所提供的位姿信息,本书将其用于计算机器人当前场景和地图中某一场景属于同一处地点的概率,这个概率将被作为和外观相似性同等重要的标准。另外,本书的闭环检测方法将同样使用传统闭环检测方法中的序列一致性检验和几何一致性检验,来提高闭环检测结果的可靠性。

1.4 本书的主要内容、组织结构和关键技术

1.4.1 主要内容与组织结构

本书针对三维视觉 SLAM 问题,对其中的视觉特征提取、视觉里程计、闭环检测、地图构建 4 个方面进行介绍,并基于这些关键技术构建三维视觉 SLAM 系统。

第 1 章为绪论,主要介绍了本书的背景、国内外发展现状、关注的主要问题,以及本书的主要内容、组织结构和关键技术。

第 2 章为相关技术和理论基础。首先对三维视觉技术及传感器进行了介绍,包括双目立体视觉相机、基于结构光的 RGBD 相机、和基于光飞行时间的 RGBD 相机;然后对相机模型和 RGBD 图像配准进行了介绍,包括针孔相机模型以及图像之间的配准。最后对本书所使用的主要数学理论和方法进行了介

绍,包括李群与李代数,以及非线性优化方法。

第3章为基于透视不变特征变换的三维视觉特征提取,主要介绍透视不变特征变换(perspective invariant feature transform,PIFT)特征提取方法,所提取的特征简称PIFT特征。首先分析了RGBD图像特征提取的难点,并介绍了伪特征点问题。然后介绍了一种具有透视不变特征图像片的提取方法,充分利用RGBD图像中的深度信息,对特征点邻域图像做前景和背景分割,通过对特征图像片做表面法线估计,将前景图像投影到稳定的空间切平面上,使其具有透视不变性,并且利用了深度信息来归一化图像片的尺度,最终得到透视不变特征图像片。针对特征点三维空间坐标的计算问题,介绍了一种特征点空间坐标的精确计算方法,利用特征点的前景和背景分割结果,可有效避免物体边缘处特征点是处于前景还是处于背景的歧义问题,再利用透视投影方法,结合RGBD图像的深度信息,计算特征点的精确空间坐标。针对伪特征点问题,同时利用空间信息和颜色亮度信息,设计了一种伪特征点滤除方法。设计了一种二进制颜色编码方法,对透视不变特征图像片进行分块颜色编码,生成特征向量。最后进行实验,将PIFT特征与其他特征提取方法进行实验对比,验证性能。

第4章为基于混合信息残差的三维视觉里程计。针对RGBD图像所提供的丰富信息,将特征点方法、直接法和深度信息相结合,设计了混合残差优化模型,即重投影残差、光度学残差和深度残差。其中,重投影残差的特征点提取使用视觉角点特征提取方法,对于光度学特征和深度特征的提取,设计了基于显著性的自适应阈值提取方法,既保证了每种路标点的提取数量的稳定,又保证了路标点在图像中分布的离散程度。利用混合残差优化模型进行机器人位姿的非线性最优估计,使用李代数表示方法,在高斯牛顿优化框架下,推导了非线性优化的迭代求解公式,并在求解过程中使用了鲁棒核函数和外点滤除,来增强迭代求解的鲁棒性和保证结果的最优性。最后,设计了对比实验来检验视觉里程计的性能。

第5章为结合位姿与外观信息的闭环检测方法。基于SLAM方法本身的应用特性,将SLAM所提供的位姿信息与传统图像外观信息相结合,介绍了结合位姿与外观两种信息的闭环概率计算方法。其中,位姿信息是指视觉里程计计算得到的机器人的当前位姿信息,外观信息是对视觉图像的一种特征描述,可以定量计算两幅图像的场景相似性。首先基于机器人视觉里程计的非线性最优位姿估计框架,推导了位姿方差计算模型,并结合增量式里程计模型,推导了增量式位姿的累积方差计算方法;推导了视觉图像的共视协方差计算公式及其增量式更新公式。在高斯概率模型下,推导了利用位姿协方差和共视协方差信息联合计算闭环概率的数学模型。最后将概率模型与基于图像的外观概率模型相结合,并引入序列一致性检验和几何一致性检验,构建出位姿与外观闭环检测方法。最后,设计并进行了实验来检测闭环检测算法的性能。

第6章为地图构建与地图优化。首先介绍了基于滑动窗口的局部地图优化方法,以及介绍了闭环后的全局地图优化方法;然后介绍了稠密点云的栅格表示方法和表面网格可视化方法;最后进行了简单的实验验证。

第7章在第3~6章内容的基础上,构建了三维视觉同步定位方法,即融合多信息的三维视觉SLAM方法(3D visual SLAM with hybrid information, HI-3DVSLAM)。首先介绍了多线程并行化方法实现了视觉特征提取、视觉里程计、闭环检测与优化、三维稠密建图的并行化SLAM框架,将第3章介绍的PIFT特征、第4章介绍的HRVO视觉里程计、第5章介绍的PALoop闭环检测方法,以及第6章介绍的三维地图的优化与可视化方法进行结合,构建了三维视觉SLAM系统。然后介绍了用于实物实验的移动机器人系统,该机器人系统是自研的地面轮式全地形移动机器人,并搭载了三维视觉相机作为SLAM方法的视觉感知设备。最后在开源数据集上和实物机器人平台上进行了实验,分析验证了SLAM方法的性能。

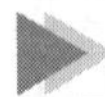

1.4.2 关键技术

本书针对三维视觉SLAM问题,着重对其中的视觉特征提取、视觉里程计、闭环检测、地图构建等方面进行介绍,并基于这些技术构建了三维视觉SLAM系统。

视觉特征提取是视觉SLAM的基础,本书依据三维视觉中的彩色信息和深度信息的不同物理特性,介绍了一种新的基于透视不变特征变换的三维视觉特征提取方法,所提取的特征具有透视不变性,称为PIFT特征。

(1)首先分析了RGBD图像的特点,以及RGBD特征提取的难点,包括图像非稠密问题、伪特征点问题、透视投影问题。其中,图像非稠密问题是RGBD图像所特有的问题,给三维视觉特征的提取带来了新的挑战;伪特征点是指那些空间位置会随视角的变化而改变的特征点,它们对视觉SLAM的精度和鲁棒性都会有影响;透视投影描述了三维场景投影到二维平面的过程,它能够完整表示三维场景随着相机视角的变化而改变其二维成像效果的过程。

(2)针对图像的透视投影问题,介绍了一种具有透视不变性的特征图像片提取方法,充分利用了RGBD图像中的深度信息,对特征点邻域图像做前景和背景分割,通过对特征图像片做表面法线估计,将前景图像投影到稳定的空间切平面上,使其具有透视不变性,并且利用了深度信息来归一化图像片的尺度,最终得到透视不变特征图像片。该方法解决了特征点图像片随空间视角变化的问题,相比于其他方法的尺度不变性和旋转不变性,具有更强的鲁棒性,即透视不变性。

(3)针对特征点三维空间坐标的计算问题,介绍了一种特征点空间坐标的精确计算方法,利用特征点的前景、背景分割结果,可有效避免物体边缘处特征点是处于前景还是处于背景的歧义问题,然后利用透视投影方法,结合 RGBD 图像的深度信息,计算特征点的精确空间坐标。该方法提高了特征点的空间坐标计算的精确性,尤其是解决了物体边缘处特征点是处于前景上还是处于背景上的歧义问题。

(4)针对伪特征点问题,利用透视投影过程中的空间信息和颜色信息,设计了一种伪特征点滤除方法,实现了对伪特征点的有效滤除,可以提高视觉里程计中位姿估计的精度。

(5)设计了一种二进制颜色编码方法,对透视不变特征图像片进行分块颜色编码,生成特征向量,解决了在非稠密图像片中提取特征描述子的难题。通过分块颜色编码,可以生成二进制特征向量。同时,通过二进制异或操作可以实现特征匹配的快速计算。

(6)最后进行实验,在两个开源的 RGBD 数据集上将 PIFT 特征与其他特征提取方法一起进行了实验测试,证明了 PIFT 特征提取方法能够有效检测和滤除伪特征点,能够实现对特征点三维坐标的精确计算,并且对视角变化具有较强的鲁棒性,有助于提高视觉里程计中位姿估计的精度,同时具有较好的实时性能。

视觉里程计是实现连续增量式的机器人位姿估计的核心。本书介绍了一种新的基于混合信息残差的 RGBD 视觉里程计,称为 HRVO(hybrid-residual-based visual odometry)。HRVO 是一种将 3 种不同类型的信息统一到联合优化框架下的 RGBD 视觉里程计方法,同时提高了视觉里程计的精度和鲁棒性。

(1)针对 RGBD 图像所提供的丰富信息,设计了混合残差优化模型,该模型将重投影残差、光度学残差、深度残差统一到了一个联合优化框架下,实现了 3 种信息的紧密融合,用于相机位姿的最优化估计。

(2)推导了混合残差优化模型的非线性最优估计求解方法,使用李代数表示方法,推导了 3 种信息的雅可比矩阵形式,在高斯牛顿优化框架下,推导了非线性优化的迭代求解公式,实现了机器人位姿的非线性最优估计,并在求解过程中介绍了鲁棒核函数和外点滤除操作的分阶段使用策略。在迭代优化的前半阶段使用鲁棒核函数,提高迭代过程的鲁棒性;在迭代优化的后半阶段使用外点滤除,保证了优化结果的最优性。

(3)针对不同信息类型的视觉路标点的提取问题,对重投影残差的路标点提取使用视觉角点特征提取方法;对于光度学特征和深度特征的提取,设计了基于显著性的自适应阈值提取方法,既保证了每种路标点的提取数量的稳定,又保证了路标点在图像中分布的离散程度,解决了特征点的质量和数量之间的平衡性问题。

(4)在两个开源的 RGBD 数据集上进行了对比实验来检验 HRVO 视觉里程计的性能,证明了混合信息残差视觉里程计的性能优势,通过对 3 种信息的融合,实现了信息之间的优势互补,并最终提高了视觉里程计的总体精度和鲁棒性。

闭环检测是消除视觉 SLAM 累积定位误差的有效手段,也是保证建图一致性的关键步骤。本书介绍了一种新的结合位姿与外观信息的闭环检测方法,即 PALoop(pose-appearance-based loop)。PALoop 基于 SLAM 方法本身的应用特性,将 SLAM 所提供的位姿信息与传统图像外观信息相结合,介绍了结合位姿与外观两种信息的闭环检测方法。

(1)基于机器人视觉里程计中位姿估计的非线性优化框架,推导了位姿方差计算模型,并结合增量式里程计模型,推导了位姿的累积方差计算公式,实现了对机器人位姿不确定性的估计,推导了视觉图像的共视协方差计算公式及其增量式更新公式,解决了共视关系的在线定量估计问题。利用位姿协方差和共视协方差信息,在高斯概率模型下推导了闭环概率的数学模型,实现了基于位姿的闭环检测。

(2)将基于位姿的闭环概率模型与基于图像外观的闭环概率模型相结合,并引入序列一致性检验和几何一致性检验,构建出结合位姿与外观信息的闭环检测方法。

(3)在两个开源数据集上进行了实验测试,检验本书 PALoop 闭环检测方法的性能优势。实验证明了本书方法的数学模型合理,位姿与外观两种信息实现了优势互补,并在整体上提升了闭环检测性能和实时性。

介绍并使用了三维视觉 SLAM 中的地图构建与全局优化方法。本书使用了滑动窗口方法和边缘化方法实现对局部地图的增量式优化,使用了非线性优化方法对闭环后的全局地图进行优化,保证整个地图的全局一致性,并在其中对路标点进行了边缘化来降低优化过程的计算量。另外,介绍了稠密点云的栅格表示方法和表面网格可视化方法,用于三维稠密地图的构建。在开源数据集上进行了实验,验证了全局轨迹优化对于消除 SLAM 系统的轨迹误差的重要作用,并验证了三维稠密地图的可视化效果。

在上述工作的基础上,构建了三维视觉 SLAM 系统,即融合多信息的三维视觉 SLAM 方法。首先介绍了多线程并行化方法实现视觉特征提取、视觉里程计、闭环检测与优化、三维稠密建图的并行化 SLAM 框架，将 PIFT 特征、HRVO 视觉里程计、PALoop 闭环检测方法，以及三维地图的优化与可视化方法进行结合，构建了三维视觉 SLAM 系统；然后介绍了用于实物实验的移动机器人系统；最后在开源数据集上和实物机器人上进行了实验，分析验证了 SLAM 方法的性能，证明了 SLAM 方法能够实现机器人在室内环境与室外环境下的实时精确的位姿估计，同时建立稠密的三维环境地图，具有较好的环境表示能力。

本书充分利用了三维视觉丰富的视觉信息，解决了三维视觉的多种信息在 SLAM 中的合理融合使用的问题，提高了机器人的定位精度和构建三维地图时对环境信息的还原表示能力。

最后，基于以上内容，构建了三维视觉 SLAM 系统。并介绍了多线程并行化方法，将第 3 章介绍的 PIFT 特征、第 4 章介绍的 HRVO 视觉里程计、第 5 章介绍的 PALoop 闭环检测方法，以及第 6 章介绍的三维地图的优化与可视化方法进行结合，构建了融合多信息的三维视觉 SLAM 方法。SLAM 方法能够实现机器人在室内环境与室外环境下的实时精确的位姿估计，同时建立稠密的三维环境地图，具有较好的环境表示能力。

第2章　相关技术和理论基础

本章主要介绍三维视觉 SLAM 相关内容，首先在 2.1 节对三维视觉技术及相关产品进行介绍。由于三维视觉传感器本身的结构特点，在其使用过程中需要对传感器进行离线标定和配准，因此在 2.2 节介绍相机模型与 RGBD 图像配准。在 2.3 节对本书所使用的主要数学工具——李群和李代数进行了简要介绍，它将作为一种有力的数学工具，在关于视觉里程计和闭环检测的研究中发挥基础性作用。然后在 2.4 节介绍非线性优化方法，它将作为视觉里程计方法的关键工具。最后在 2.5 节给出本章小结。

2.1　三维视觉技术及传感器简介

计算机视觉是用计算机来模拟生物视觉感知功能的技术，其目的是让计算机能够像人一样感知周围的视觉世界，但是由于传统的二维视觉方法不能感知环境的距离信息，难以全面地表示场景全部信息，同时也限制了其应用于更高级的视觉任务。

三维视觉作为计算机视觉的一个重要研究方向，在近些年得到了突飞猛进的进展，特别是随着一些三维视觉技术的成熟以及多款商业化消费品的上市，使得三维视觉技术已经进入了实用化阶段。三维视觉传感器是一种将传统彩色相机与深度传感系统相结合的设备，能够同时获得场景的彩色图像和深度图像。其中，深度是指物体在相机坐标系下沿相机主光轴方向的垂直距离，本书在下面的介绍中将物体在相机坐标系下的垂直距离信息统一称为深度（depth）信息，由深度信息在相机成像平面上所构成的图像称为深度图像。彩色图像与深度图像一起构成了彩色与深度（RGB and depth，RGBD）图像，因此三维视觉传感器也称为 RGBD 相机。

RGBD 相机是一种能够同时获得彩色图像和深度图像的相机，目前已经被广泛应用于目标识别、视觉定位等多个领域。RGBD 相机相比于传统单目相机的一个最大优势在于，它能够感知环境中物体的深度信息，一方面可以在定位过程中使用更为丰富的环境信息，来提高定位的精度和鲁棒性；另一方面也可以在建立的地图中将环境信息表达得更丰富,为任务决策和环境理解提供了更充分的信息,更有利于机器人在环境中完成复杂任务。

从设备感知环境深度信息的原理来看,传感器主要分为双目立体视觉相机、基于结构光的 RGBD 相机和基于光飞行时间的 RGBD 相机。

2.1.1　双目立体视觉相机

双目立体视觉是人们最为熟知的三维视觉解决方案,也是目前技术最为成熟且被广泛应用的方法[112-114]。双目立体视觉的灵感来自生物的两只眼睛,通过两个相机同时对同一场景成像,可以利用对极几何关系,计算出场景的三维信息。立体视觉不限于使用两个相机,也可以使用更多的相机,实现多目立体视觉系统[115]。其原理与双目立体视觉系统相同,但是可以利用更多的图像信息实现更高的精度,但同时增加了算法的复杂性。

双目立体视觉是通过几何三角测量来实现深度感知的,其原理如图 2.1 所示。

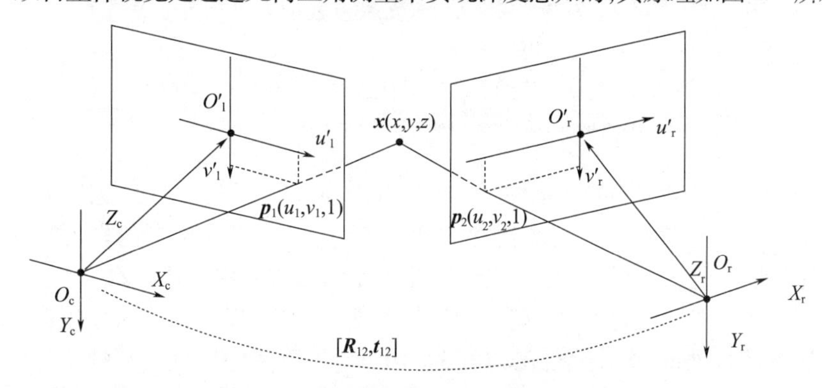

图 2.1　双目立体视觉的深度测量原理

以双目立体相机的左相机为视觉系统的参考坐标系,设空间中一点坐标为 $\boldsymbol{x}=(x,y,z)$,它在两个相机的归一化图像平面中的坐标为 $\boldsymbol{p}_1=[u_1,v_1,1]$ 和 $\boldsymbol{p}_2=[u_2,v_2,1]$,已知两个相机之间的坐标变换矩阵为 $[\boldsymbol{R}_{12},\boldsymbol{t}_{12}]$,则有

$$\begin{aligned} k_1\boldsymbol{p}_1 &= \boldsymbol{x} \\ k_2\boldsymbol{R}_{12}\boldsymbol{p}_2+\boldsymbol{t}_{12} &= \boldsymbol{x} \end{aligned} \tag{2.1}$$

式中:k_1、k_2 均为待定的比例参数。式(2.1)是一个过约束方程,通常使用最小二乘方法来求解空间点的三维坐标。

最简单且最常用的双目立体视觉硬件结构是使用两个光轴平行的相机组成的,并且它们的位置只存在一个沿 X 轴的偏差,这个偏差称为立体视觉的基线。在这种情况下,式(2.1)得到了简化,即 $\boldsymbol{R}_{12}$ 是单位矩阵,$\boldsymbol{t}_{12}$ 只包含一个基

线分量 $\boldsymbol{t}_{12}=[b,0,0]$，其中 b 为基线长度。式(2.1)简化为

$$\begin{aligned} k_1[u_1,v_1,1] &= \boldsymbol{x} \\ k_2[u_2,v_2,1]+[b,0,0] &= \boldsymbol{x} \end{aligned} \tag{2.2}$$

可以直接解得

$$\begin{aligned} z = k_1 = k_2 &= \frac{b}{u_1-u_2} \\ \boldsymbol{x} &= z[u_1,v_1,1] \end{aligned} \tag{2.3}$$

式中：u_1-u_2 为双目视差。从式(2.3)中可以看出，双目立体视觉的深度测量结果与视差成反比，与基线成正比。

图 2.2 展示了几款常见的商品级双目或多目立体视觉传感器。

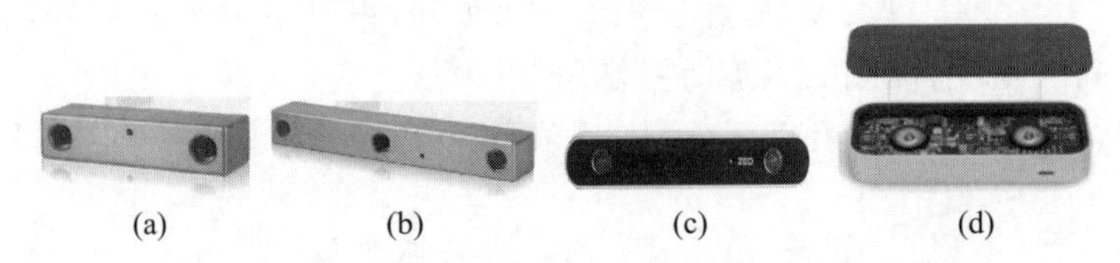

(a) (b) (c) (d)

图 2.2 几款常见的商品级双目或多目立体视觉传感器

(a) Bumblebee2；(b) Bumblebee3；(c) ZED；(d) Leap Motion。

Bumblebee2 和 Bumblebee3 是加拿大 PointGrey 公司开发的工业级双目和三目立体视觉系统[116]，由于其高精度的加工工艺，以及配套优良的软件算法，可以实现高精度的三维感知，是一款经典的工业和科研应用设备。ZED[117] 是 Stereolabs 推出的双目立体相机，室内和室外都能使用，深度图像分辨率很高，最远深度范围可达 20m，最大覆盖视场角为 110°，适用于室外环境下高帧率、远距离的应用。Leap Motion[118] 是一款小巧的双目立体视觉系统，是针对计算机应用的一款消费级电子产品。它使用双目红外相机且内部配有红外光源，因此它不能输出 RGB 图像，而是输出红外和深度图像。同时，由于使用红外成像，因此能够不依赖于环境光的照明而进行可靠的工作。由于其感知距离较近，主要用于人机交互中的手势识别。

双目立体视觉系统的精度受设备基线长度和图像分辨率影响较大，基线越长、图像分辨率越高，则深度感知精度也越高，应当根据实际应用场景合理选择。图 2.3 展示了 Bumblebee2 的深度感知结果及其精度曲线。

但是双目立体视觉也存在着一定的不足之处。由于双目立体视觉相机非常依赖左右两幅图像之间的特征匹配，因此若应用场景缺乏纹理，则很难进行深度感知，会导致深度图像存在大量数据无效区域，同时对光照较暗或过强的情况适应性也较差。

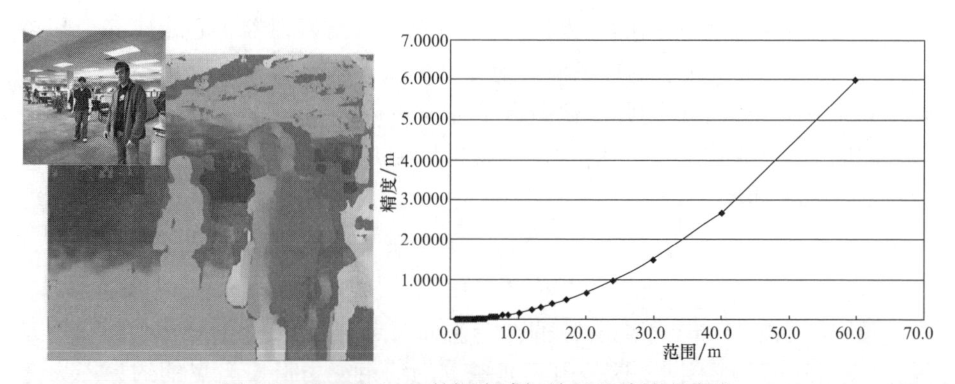

图 2.3　Dumblebee2 的深度感知效果及其精度曲线

2.1.2　基于结构光的深度相机

结构光方法是在工业测量中较早使用的一种视觉测量方法。它的基本原理是使用一种空间结构已知的光线，当光线照射到空间三维表面时会发生形变，当相机从其他角度观测时，可检测到这种变形，然后利用三角测量法可以计算出对应位置的空间三维坐标。以平行结构光为例，进行深度测量的原理如图 2.4 所示。

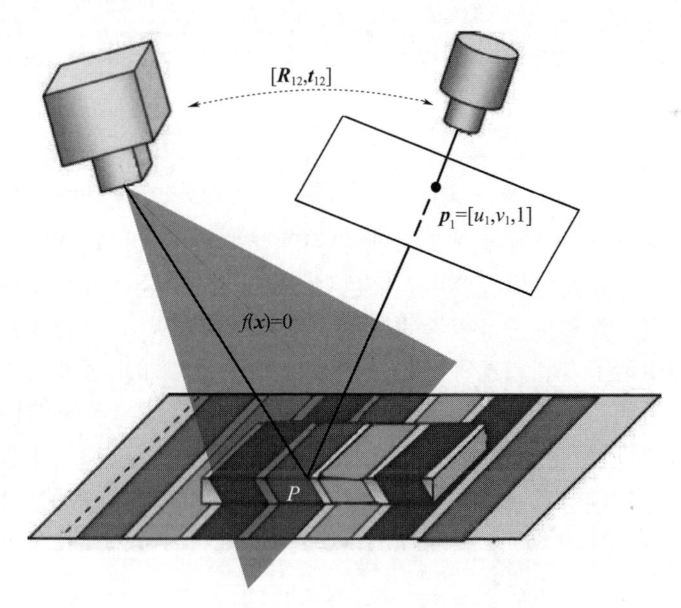

图 2.4　基于结构光的深度测量原理

结构光发射器所发出的光为条纹状,每个条纹与发射器中心构成一个扫描切面,设其中一个条纹切面在激光发射器坐标系下的平面方程为$f(\boldsymbol{x})=0$,相机观测到条纹上任意一点的归一化图像坐标为$\boldsymbol{p}_1=[u_1,v_1,1]$,设从相机到发射器之间的坐标变换矩阵为$[\boldsymbol{R}_{12},\boldsymbol{t}_{12}]$,则可以通过直线与平面的交点来计算对应点的空间坐标$\boldsymbol{x}$。

$$\begin{aligned} k_1\boldsymbol{p}_1 &= \boldsymbol{x} \\ f(\boldsymbol{R}_{12}\boldsymbol{x}+\boldsymbol{t}_{12}) &= 0 \end{aligned} \tag{2.4}$$

值得注意的是,式(2.4)是求直线与平面交点的方程,并不是一个过约束方程,这点与式(2.1)不同。这是由于光条纹的约束能力低于光点的约束能力造成的。除了平行结构光,还有网格结构光、规则点阵列结构光、不规则斑点结构光等形式,此时对光点的空间坐标求解则变成了直线与直线的交点约束,与双目立体视觉方法相同。图2.5展示了一种平行结构光和一种斑点结构光的成像效果。

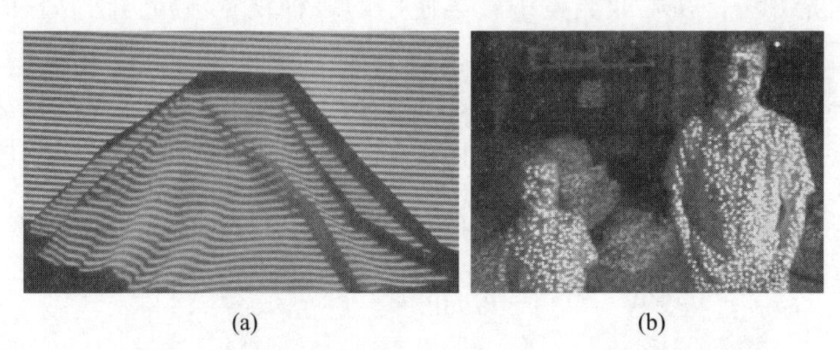

图2.5　一种平行结构光和一种斑点结构光的成像效果
(a)平行结构光;(b)斑点结构光。

平行结构光等规则结构光对发射器精度要求较高,设备相对复杂,主要用于高精度的物体表面建模等应用。以色列Prime Sense公司开发了一种使用不规则红外散斑图像实现三维视觉的技术,如图2.5(b)所示,该技术被命名为光编码技术并申请了专利。这种红外散斑是通过一个红外光源加上一个特制的毛玻璃片产生的。由于加工的不确定性,这种红外散斑的空间结构具有随机性,需要进行出厂标定使其成为空间结构已知的结构光。该项技术极大地降低了RGBD相机的硬件成本,第一次使RGBD相机的价格降低为消费级水平,其商业化产品有微软的Kinect和华硕的Xtion等。几种常见的结构光RGBD相机如图2.6所示。

Kinect[119]是微软公司开发的一款游戏体感外设,作为一款高性能且廉价的RGBD传感器,它不仅在游戏领域带来了全新的游戏体验,而且在机器人研究等领域掀起了一股应用热潮,在三维视觉 SLAM 中也取得了一定的成果[100,120-122]。华硕的 Xtion 传感器[123]与 Kinect 使用同样的技术,是一款针对计算机平台的 RGBD 传感器。Intel 公司的 RealSense 系列 RGBD 传感器[124]是近几年迅速发展的高性能产品。其中,RealSense R200 产品不仅使用了结构光技术,而且它有两个红外相机,是一种双目立体视觉与结构光相结合的 RGBD 传感器设备,不仅能够在室内使用,在室外还能取得较好的感知效果。

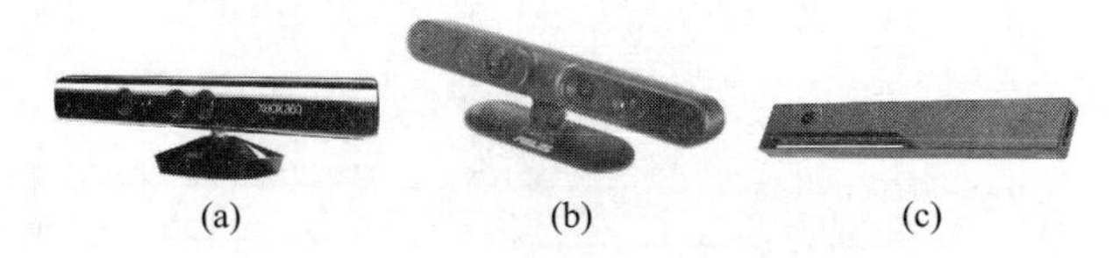

(a)　(b)　(c)

图 2.6　几种常见的结构光 RGBD 相机

(a) Kinect; (b) Xtion; (c) RealSense R200。

除了桌面级应用领域,手机等移动端设备开始尝试使用结构光 RGBD 传感器。谷歌公司的 Tango 技术是针对平板电脑和手机应用的 RGBD 感知技术,其中部分产品使用了结构光技术,还有部分产品使用了双目立体视觉技术。苹果公司在其 iPhone X 手机平台上使用了 TrueDepth 深度感知相机,主要使用的是近红外结构光技术,实现了高精度的三维人脸识别。

基于结构光的 RGBD 传感器的缺点也很明显。由于结构光技术需要主动发出光线,因此存在多传感器同时使用的互相干扰问题[125],限制了多台设备分布式工作的性能。另外,设备的深度感知范围与结构光发射功率有关,限制了其远距离场景下的应用。

2.1.3　基于光飞行时间的深度相机

光飞行时间(time of flight, ToF)[126]测距是通过一个特制的光源发出一组光线,当光线照射到物体后反射回来,相机通过精确的曝光控制,捕获到这些反射光线,通过测量光线从发射到接收之间的飞行时间来计算距离。然而,由于光的飞行时间难以精确地直接测量,因此通常使用相位法来间接测量。所谓相位法,并不是指光波的相位,而是通过对光线发射器的发射功率进行调制,来获得具有明暗度周期性变化的光线,通过测量发射光线和反射光线的相位变化,来计算距离。

设光线发射器将光线调制成方波发射,发射周期为 Δt ,光线经物体反射后被传感器接收。其中,传感器以 Δt 为时间窗口曝光,由于光线已经飞行了一段时间,因此传感器在 Δt 时间窗口内只能接收到部分光反射,如图 2.7 所示。

对于双曝光窗口模型(图 2.7(a)),即窗口 C_1 和窗口 C_2,两个窗口相差 180°相位,深度距离可计算如下:

$$d = \frac{1}{2} c \Delta t \left(\frac{Q_2}{Q_1 + Q_2} \right) \tag{2.5}$$

式中:c 为光速;Q_1 和 Q_2 分别为窗口 C_1 和窗口 C_2 所接收到的光强度。

为了提高测量精度和抗干扰能力,还可以使用四曝光窗口模型(图 2.7(b)),即窗口 C_1、C_2、C_3、C_4,窗口之间彼此相差 90°相位,深度距离 d 可计算如下:

$$\phi = \arctan\left(\frac{Q_1 - Q_2}{Q_3 - Q_4} \right), d = \frac{c}{2f} \frac{\phi}{2\pi} \tag{2.6}$$

式中:Q_1、Q_2、Q_3、Q_4 分别为窗口 C_1、C_2、C_3、C_4 所接收到的光强度。

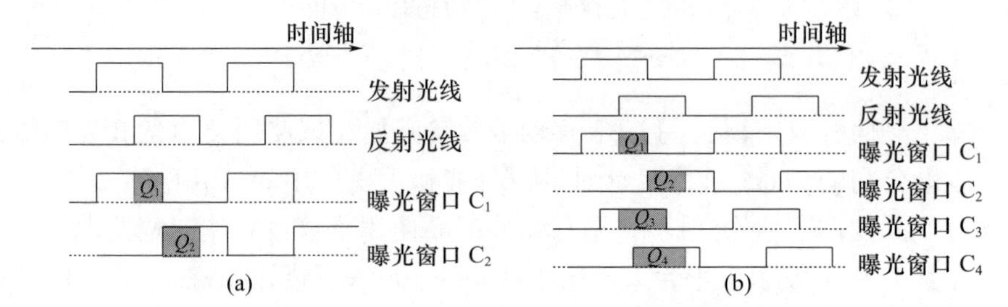

图 2.7 基于光飞行时间的深度测量方法

(a)双曝光窗口模型;(b)四曝光窗口模型。

图 2.8 展示了几种 ToF 深度测量相机。

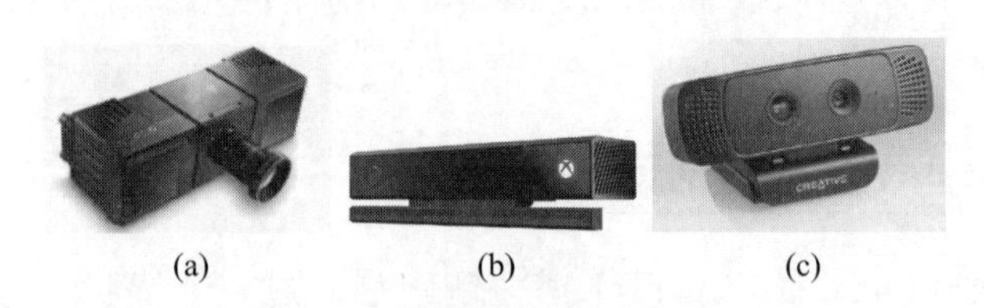

图 2.8 几种 ToF 深度测量相机

(a)PMD 公司的 CamCube3 相机;(b)第二代 Kinect RGBD 相机;(c)Senz3D 相机。

德国 PMD 公司生产的 CamCube3 相机是一款工业级产品[127],具有精度高和作用距离远等性能优势,是一款能够在室外大深度环境下使用的 ToF 深度相机。Kinect2[128] 是微软公司继 Kinect 产品之后推出的第二代 RGBD 相机,它不再使用上一代的结构光方案,而是使用了 ToF 方法,是目前使用最广泛的消费级 RGBD 相机。Intel 公司与 Creative 实验室联合发布的 Senz3D[129] RGBD 相机是一种更为小巧轻便的设备,所使用的是 Intel 公司的 RealSense 技术方案,但与 RealSense R200 型号的 RGBD 相机不同,它使用了 ToF 技术而不是结构光技术。

基于ToF的深度测量方法相比于双目立体视觉方法和结构光方法，具有更高的测量精度，但是需要对光源和相机进行高精度的控制，发射和接收的时间控制精度要求极高，因此该种方法在硬件结构上也更为复杂，价格相对更高。同时，ToF方法与结构光方法一样，作为主动光测量方法，其深度感知范围与发射功率有关。

2.1.4 其他类型的三维视觉技术

结构光和ToF三维视觉技术是在近几年才飞速发展起来并进入消费级领域的，在此之前，主要是基于双目立体视觉方法的三维视觉技术在机器人领域中广泛使用，但是其应用一直受制于双目立体视觉的测量精度。于是，研究人员利用激光雷达的高精度测量性能，组建了彩色相机与激光雷达相结合的解决方案，并取得了较好的效果[130-131]。但是，它的缺点也十分明显，首先是硬件结构复杂；其次激光雷达的性能限制了系统的信息获取帧率，而且存在着深度数据与彩色图像的配准问题和时间同步的问题。随着其他三维视觉技术的成熟，彩色相机与激光雷达相结合的解决方案目前已经逐渐被取代。

近年来，随着机器学习特别是卷积神经网络(convolutional neural networks, CNN)方法的快速发展，通过学习的方法从单目图像中恢复深度信息的研究也受到了人们的重视[132-136]，并在视觉SLAM领域取得了一定的进展[137-138]。但是这种基于学习的方法，其性能严重依赖于训练数据集，较差的泛化能力限制了其应用范围，特别是对于陌生场景的深度恢复存在较大的误差甚至无法正确恢复深度。

最后，对目前主流的双目立体视觉相机、结构光RGBD相机和ToF RGBD相机进行对比分析，如表2.1所列。

表2.1　双目立体视觉相机、结构光RGBD相机和ToF RGBD相机的优缺点对比

传感器类型	测量精度	测量距离	精度受环境因素影响	硬件复杂度	软件复杂度	功耗
双目立体视觉	一般	依赖于基线	低纹理	简单	复杂	低
结构光	一般	依赖于功率	强环境光	中等	中等	中
ToF	高	依赖于功率	强环境光	复杂	简单	高

双目立体视觉方案的硬件只需要两个相机，系统结构简单，但是需要大量的数据处理才能测量深度，计算复杂度较高，并且对环境的纹理丰富程度要求较高，在低纹理环境中几乎无法工作。结构光RGBD相机技术随着近几年的发

展，已经较为成熟，但是目前设备的深度测量范围普遍较近，难以适用于室外远距离环境应用。ToF RGBD 相机技术是目前测量精度最高的三维视觉方法，但是其系统较为复杂，设备体积和功率都比较高，是一种非常具有发展前景的三维视觉解决方案。

本书主要针对三维视觉 SLAM 问题，重点介绍三维视觉的多种信息相结合的合理使用，以提高 SLAM 的精度和鲁棒性。本书介绍的内容不限于特定的某种三维视觉方案，技术结论也可以推广应用到其他三维视觉系统。

2.2 相机模型和彩色与深度图像配准

三维视觉系统的主要传感器件与其他视觉系统一样都是相机，因此需要对相机进行参数标定才能进行视觉测量。另外，除了双目视觉系统，大部分三维视觉系统的深度测量相机与彩色相机是两个独立的相机，导致其深度测量的坐标系与彩色相机坐标系并不重合，因此需要对两个坐标系下的深度图像和彩色图像进行配准，变换到统一的坐标系下以方便使用。

2.2.1 针孔相机模型

对于一个相机而言，它通过镜头将三维场景映射到一个二维成像平面上来获得图像，如图 2.9 所示。这种相机成像模型称为针孔相机模型[139-140]。

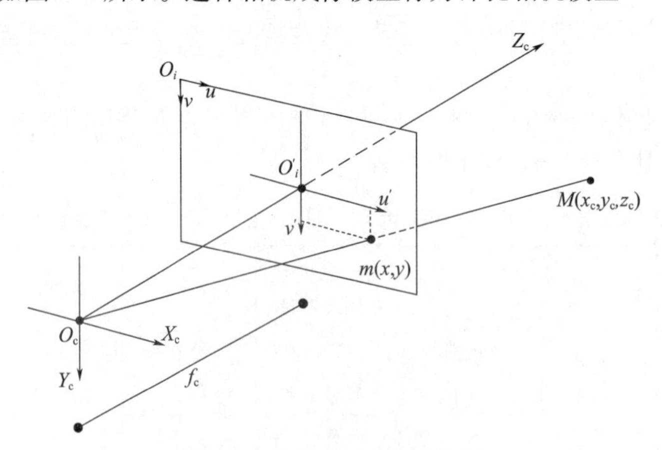

图 2.9　相机成像的几何模型

设相机的镜头光心为 O_c，主光轴为 Z_c，建立相机坐标系 $O_cX_cY_cZ_c$。相机的成像平面 $O'_iu'v'$ 与 $O_cX_cY_c$ 平行，且距离为 f_c，f_c 为镜头焦距。对于相机坐标系下的空间中任意一点 $M(x_c, y_c, z_c)$，投影到相机成像平面上的坐标为 $m(x,y)$，根据透视投影关系，有

$$\begin{cases} x = \dfrac{f_c x_c}{z_c} \\ y = \dfrac{f_c y_c}{z_c} \end{cases} \tag{2.7}$$

写成矩阵形式为

$$\begin{bmatrix} x \\ y \\ 1 \end{bmatrix} = \frac{1}{z_c} \begin{bmatrix} f_c & 0 & 0 \\ 0 & f_c & 0 \\ 0 & 0 & 1 \end{bmatrix} \begin{bmatrix} x_c \\ y_c \\ z_c \end{bmatrix} \tag{2.8}$$

式中：$(x,y,1)$ 为点 M 的归一化图像坐标。

相机感光元件在成像平面上进行离散化采样并生成图像，采样尺寸为 (d_x, d_y)，即为感光元件每个像素的物理尺寸。假设图像像素坐标系为 $O_i uv$，坐标的量纲为像素，设点 m 被感光元件采样后在图像中的像素坐标为 (u,v)，则归一化图像坐标与图像像素坐标之间的关系为

$$\begin{cases} u = \dfrac{x}{d_x} + u_0 \\ v = \dfrac{y}{d_y} + v_0 \end{cases} \tag{2.9}$$

式中：(u_0, v_0) 是 O_i' 在图像像素坐标系中的像素坐标，称为图像中心。

联立式(2.8)和式(2.9)，得到相机坐标系下任意一点到图像像素坐标系下的坐标变换关系：

$$\begin{bmatrix} u \\ v \\ 1 \end{bmatrix} = \frac{1}{z_c} \begin{bmatrix} f_c/d_x & 0 & u_0 \\ 0 & f_c/d_y & u_0 \\ 0 & 0 & 1 \end{bmatrix} \begin{bmatrix} x_c \\ y_c \\ z_c \end{bmatrix} := \frac{1}{z_c} \boldsymbol{K} \begin{bmatrix} x_c \\ y_c \\ z_c \end{bmatrix} \tag{2.10}$$

式中：$\boldsymbol{K}$ 为相机的内参数矩阵。一般还将 f_c/d_x 与 f_c/d_y 简写成 f_u 和 f_v，称为相机在图像 u，v 方向上的焦距。

与相机内参数相对应的是外参数。相机的外参数描述了相机坐标系与世界坐标系之间的变换关系。假设世界坐标系为 $O_w X_w Y_w Z_w$，它与相机之间的坐标变换关系为

$$\begin{bmatrix} x_c \\ y_c \\ z_c \end{bmatrix} = \boldsymbol{R} \begin{bmatrix} x_w \\ y_w \\ z_w \end{bmatrix} + \boldsymbol{t} \tag{2.11}$$

式中：$[\boldsymbol{R},\boldsymbol{t}]$ 为相机的外参数矩阵。由于外参数描述了相机坐标系与世界坐标系之间的变换关系，因此外参数矩阵可以用来推导相机坐标系与其他任意坐标系之间的变换关系。例如，双目立体视觉两个相机之间的坐标系变换；视觉SLAM 中的相机坐标系与机器人坐标系之间的变换。

对于相机内、外参数的标定，目前已经有非常成熟的算法和工具，包括基于三维标志点的标定方法[141]和基于平面标定板的标定方法[142]，常用的开源标定工具有 OpenCV 标定程序[143]和 Matlab 标定工具箱[144]等。

2.2.2 图像之间的配准

大多数 RGBD 相机的深度感知相机和彩色相机是独立的，二者分别在各自的坐标系下获取深度图像和彩色图像，存在坐标系不一致的情况。因此需要对深度图像和彩色图像进行配准，变换到统一的坐标系下以方便使用。图像配准的本质是找到两幅图像之间的像素映射关系，使得相对应的两个像素点可以完整表示空间中某一点的彩色和深度信息。

对两幅图像进行配准，需要已知两个相机之间的位姿变换关系，这可以通过离线的外参数标定来获得，设为 $[\boldsymbol{R}_{\mathrm{dc}},\boldsymbol{t}_{\mathrm{dc}}]$。图像配准过程需要在线实现，如下式所示：

$$
\begin{aligned}
&[x_{\mathrm{d}}\ y_{\mathrm{d}}\ z_{\mathrm{d}}]^{\mathrm{T}} = d_{\mathrm{d}}\boldsymbol{K}_{\mathrm{d}}^{-1}[u_{\mathrm{d}}\ v_{\mathrm{d}}\ 1]^{\mathrm{T}} \\
&[x_{\mathrm{c}}\ y_{\mathrm{c}}\ z_{\mathrm{c}}]^{\mathrm{T}} = \boldsymbol{R}_{\mathrm{dc}}[x_{\mathrm{d}}\ y_{\mathrm{d}}\ z_{\mathrm{d}}]^{\mathrm{T}} + \boldsymbol{t}_{\mathrm{dc}}^{\mathrm{T}} \\
&[u_{\mathrm{c}}\ v_{\mathrm{c}}\ 1]^{\mathrm{T}} = \frac{1}{z_{\mathrm{c}}}\boldsymbol{K}_{\mathrm{c}}[x_{\mathrm{c}}\ y_{\mathrm{c}} z_{\mathrm{c}}]^{\mathrm{T}}
\end{aligned}
\tag{2.12}
$$

首先利用深度相机的内参数矩阵 $\boldsymbol{K}_{\mathrm{d}}$ 将深度图像中的像素 $(u_{\mathrm{d}},v_{\mathrm{d}})$ 变换到深度相机坐标系下，由于深度值 d_{d} 是已知的，因此可以完整地计算出像素点的三维坐标 $(x_{\mathrm{d}},y_{\mathrm{d}},z_{\mathrm{d}})$。然后利用两个相机之间的坐标系变换关系 $[\boldsymbol{R}_{\mathrm{dc}},\boldsymbol{t}_{\mathrm{dc}}]$，将 $(x_{\mathrm{d}},y_{\mathrm{d}},z_{\mathrm{d}})$ 变换到彩色相机坐标系下，得到 $(x_{\mathrm{c}},y_{\mathrm{c}},z_{\mathrm{c}})$。最后利用彩色相机的内参数矩阵 $\boldsymbol{K}_{\mathrm{c}}$，将其映射到彩色图像上，得到 $(u_{\mathrm{c}},v_{\mathrm{c}})$。至此，我们得到了彩色图像和深度图像之间的像素映射关系为 $(u_{\mathrm{d}},v_{\mathrm{d}})\leftrightarrow(u_{\mathrm{c}},v_{\mathrm{c}})$。

利用深度图像与彩色图像之间的像素映射关系，既可以将彩色图像配准到深度图像上，也可以将深度图像配准到彩色图像上，这取决于用户将 RGBD 相机坐标系建立在哪个相机下。两种图像配准方式的配准结果如图 2.10 所示。

当将彩色图像配准到深度图像上时，将利用配准后的彩色图像与原始深度图像共同组成 RGBD 图像来使用；反之则将配准后的深度图像与原始彩色图像共同组成 RGBD 图像。注意到配准后的图像会因为视角变换的原因而出现一些无效像素点,如图2.10中的黑色区域所示,这不利于视觉特征提取等操作。因此在实际使用中,通常选择将深度图像配准到彩色图像上的方案,来保证彩色图像的稠密性,以利于视觉特征提取等操作。

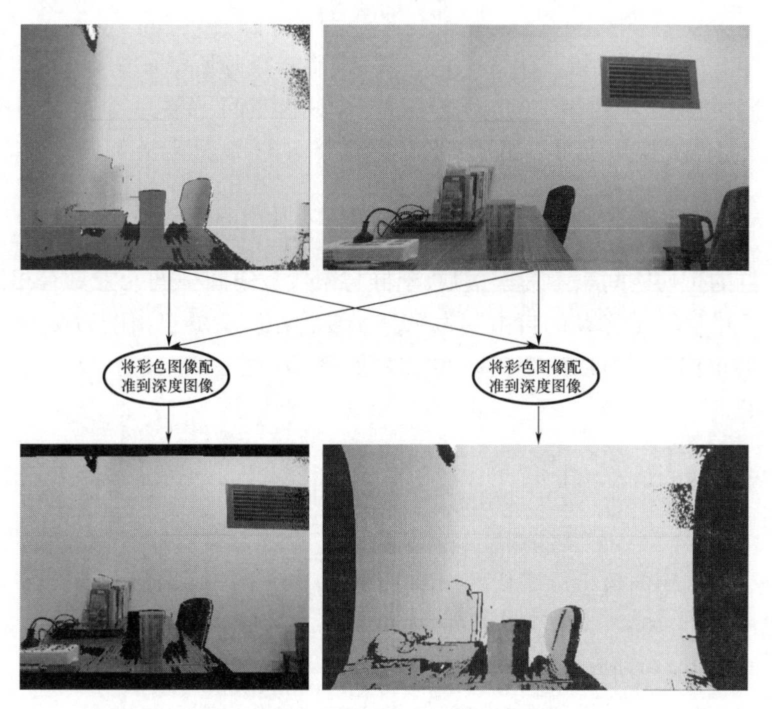

图2.10 深度图像与彩色图像之间的两种不同配准结果

2.3 李群与李代数基础

SLAM的主要任务之一是对机器人的位姿进行最优化估计,本书主要基于非线性优化方法来估计位姿状态。非线性优化方法作为最重要的机器人位姿估计方法,其核心计算过程是对位姿参数进行迭代优化,这就需要对位姿进行增量计算和求导操作。然而,传统的位姿状态表示方法通常是使用旋转变换矩阵来描述的,它对加法不封闭,即旋转矩阵相加不再是旋转矩阵,从而无法简便地进行增量计算。同理,也无法进行求导操作。因此需要一套数学工具来研究旋转矩阵的增量、求导等操作。

李群和李代数是数学领域的基础研究内容,因其具备良好的数学性质,已经广泛应用于机器人研究领域。本节将主要介绍本书所使用的两个李群:特殊

正交变换群 $SO(3)$ 和特殊欧氏群 $SE(3)$，以及它们的李代数 $\mathfrak{so}(3)$ 和 $\mathfrak{se}(3)$。它们将用于本书的视觉里程计（第4章）和闭环检测（第5章）的介绍。

三维的特殊正交变换群 $SO(3)$ 被定义为

$$SO(3)=\{\boldsymbol{R}\in\mathbb{R}^{3\times3}\mid \boldsymbol{R}\boldsymbol{R}^{\mathrm{T}}=\boldsymbol{I}_{3\times3},\ \|\boldsymbol{R}\|=1\} \tag{2.13}$$

从定义中可以看出，$SO(3)$ 是全体三维旋转矩阵所组成的数学空间，它对乘法封闭，对加法不封闭，因此无法构成一个线性空间，而是一个群。同理，4×4 的三维空间变换矩阵可以组成特殊欧氏群 $SE(3)$。其定义为

$$SE(3)=\left\{\boldsymbol{T}=\begin{bmatrix}\boldsymbol{R} & \boldsymbol{t}\\ \boldsymbol{0}^{\mathrm{T}} & 1\end{bmatrix}\ \middle|\ \boldsymbol{R}\in SO(3),\boldsymbol{t}\in\mathbb{R}^{3}\right\} \tag{2.14}$$

李群的正切空间表示为李代数，李群与李代数空间中的元素具有相同的自由度。三维旋转矩阵 $\boldsymbol{R}$ 的自由度为3，三维变换矩阵 $\boldsymbol{T}$ 的自由度为6。$SO(3)$ 和 $SE(3)$ 的正切空间可以用李代数 $\mathfrak{so}(3)$ 和 $\mathfrak{se}(3)$ 表示，定义为

$$\begin{aligned}&\mathfrak{so}(3)=\{\boldsymbol{\Phi}=\phi^{\wedge}\in\mathbb{R}^{3\times3}\mid\phi\in\mathbb{R}^{3}\}\\ &\mathfrak{se}(3)=\left\{\Xi=\xi^{\wedge}=\begin{bmatrix}\phi^{\wedge} & \rho\\ \boldsymbol{0}^{\mathrm{T}} & 0\end{bmatrix}\in\mathbb{R}^{4\times4}\ \middle|\ \xi\begin{bmatrix}\phi\\ \rho\end{bmatrix}\in\mathbb{R}^{6},\rho\in\mathbb{R}^{3},\phi^{\wedge}\in\mathfrak{so}(3)\right\}\end{aligned} \tag{2.15}$$

式中：$\wedge$ 为利用向量生成李代数矩阵的操作符，它在 $\mathfrak{so}(3)$ 上表示为反对称矩阵生成操作符，如式（2.16）所示；它在 $\mathfrak{se}(3)$ 上的运算可以转换为 $\mathfrak{so}(3)$ 上的运算，如式（2.15）所示。

$$\phi^{\wedge}=\begin{bmatrix}\phi_1\\ \phi_2\\ \phi_3\end{bmatrix}^{\wedge}=\begin{bmatrix}0 & -\phi_3 & \phi_2\\ \phi_3 & 0 & -\phi_1\\ -\phi_2 & \phi_1 & 0\end{bmatrix}=\boldsymbol{\Phi} \tag{2.16}$$

同时，可将 $\wedge$ 的逆运算定义为 $\vee$，它表示将一个矩阵变换为向量的操作过程。

反对称矩阵具有如下性质：

$$\begin{aligned}&\boldsymbol{a}^{\wedge}\boldsymbol{b}=-\boldsymbol{b}^{\wedge}\boldsymbol{a}\\ &\boldsymbol{a}^{\wedge}\boldsymbol{b}^{\wedge}=\boldsymbol{b}\boldsymbol{a}^{\mathrm{T}}-(\boldsymbol{a}^{\mathrm{T}}\boldsymbol{b})\boldsymbol{I}_{3\times3}\quad\forall\boldsymbol{a},\boldsymbol{b}\in\boldsymbol{R}^{3}\end{aligned} \tag{2.17}$$

李代数对加法是封闭的，并且李代数中的三维向量 $\boldsymbol{\phi}$ 是有实际物理含义的，这可以通过李群及李代数之间的变换关系来理解。

$SO(3)$ 与 $\mathfrak{so}(3)$ 之间存在指数映射关系：

$$\boldsymbol{R}=\exp(\phi^{\wedge}),\boldsymbol{\phi}=(\ln\boldsymbol{R})^{\vee} \tag{2.18}$$

若将 ϕ 表示成方向与模值的形式，$\boldsymbol{\phi}=\phi\boldsymbol{a}$，则有

$$\exp(\phi^{\wedge})=\cos(\phi)\boldsymbol{I}_{3\times3}+(1-\cos(\phi))\boldsymbol{a}\boldsymbol{a}^{\mathrm{T}}+\sin(\phi)\boldsymbol{a}^{\wedge} \tag{2.19}$$

式中：$\boldsymbol{a}$ 表示旋转轴；ϕ 表示了旋转角度。式（2.19）与罗德里格斯（Rodrigues)旋转公式是一致的,同时,式(2.19)也暗示了该指数映射并不是一对一映射。由于旋转具有周期性,不同的旋转角度可以表示同一个旋转。而对于反过来的对数映射,通常把旋转角度限制在$(-\pi,\pi]$,可以通过罗德里格斯反变换来求解,如下式所示。

$$\sin\phi \cdot \boldsymbol{a}^{\wedge} = \frac{\boldsymbol{R} - \boldsymbol{R}^{\mathrm{T}}}{2} \tag{2.20}$$

当李代数变量 ϕ 上增加一个微小扰动 $\delta\phi$ 时,它的对应李群变量存在一阶近似计算。

$$\exp(\phi + \delta\phi)^{\wedge} \approx \exp(\boldsymbol{J}_l \delta\phi)^{\wedge} \cdot \exp(\phi)^{\wedge} \tag{2.21}$$

式中:$\boldsymbol{J}_l$ 为 ϕ 的左雅可比矩阵,它及它的逆矩阵可以通过下式计算。

$$\begin{cases} \boldsymbol{J}_l = \dfrac{\sin\phi}{\phi}\boldsymbol{I} + \dfrac{1-\cos\phi}{\phi}\boldsymbol{a}^{\wedge} + \left(1 - \dfrac{\sin\phi}{\phi}\right)\boldsymbol{a}\boldsymbol{a}^{\mathrm{T}} \\ \boldsymbol{J}_l^{-1} = \dfrac{\phi}{2}\cot\dfrac{\phi}{2}\boldsymbol{I} - \dfrac{\phi}{2}\boldsymbol{a}^{\wedge} + \left(1 - \dfrac{\phi}{2}\cot\dfrac{\phi}{2}\right)\boldsymbol{a}\boldsymbol{a}^{\mathrm{T}} \end{cases} \tag{2.22}$$

反过来,当李群变量 $\boldsymbol{R}$ 上增加了一个微小扰动 $\delta\boldsymbol{R}$ 时,它的对应李代数变量存在一阶近似计算。

$$(\ln(\Delta\boldsymbol{R} \cdot \boldsymbol{R}))^{\vee} = \phi + \boldsymbol{J}_l^{-1}\delta\phi \tag{2.23}$$

$\mathfrak{se}(3)$ 与 $SE(3)$ 之间也存在指数映射关系:

$$\begin{cases} \exp(\xi^{\wedge}) = \begin{bmatrix} \exp(\phi^{\wedge}) & \boldsymbol{J}_l\rho \\ \boldsymbol{0}^{\mathrm{T}} & 1 \end{bmatrix} = \begin{bmatrix} \boldsymbol{R} & \boldsymbol{J}_l\rho \\ \boldsymbol{0}^{\mathrm{T}} & 1 \end{bmatrix} \\ \log(\boldsymbol{T}) = \begin{bmatrix} \log(\boldsymbol{R}) & \boldsymbol{J}_l^{-1}(\log(\boldsymbol{R})^{\vee})\boldsymbol{t} \\ \boldsymbol{0}^{\mathrm{T}} & 0 \end{bmatrix} \end{cases} \tag{2.24}$$

在本书中,将主要使用李代数对相机的位姿进行表示,并利用李代数的以上各种性质,开展视觉里程计(第 4 章)和闭环检测(第 5 章)等内容的介绍。

2.4　非线性优化方法与集束调整

在视觉 SLAM 的位姿最优化估计方法中,目前最常用的方法是基于非线性优化的集束调整方法来估计最优的位姿状态,因此在本节将主要介绍非线性优化方法的一般求解算法,以及集束调整问题的求解过程。

2.4.1　非线性优化方法

一个一般的非线性优化问题可以描述为:对于待估计参数 $\boldsymbol{x} = [x_1, \cdots, x_i]$,

误差函数 $\boldsymbol{e}(\boldsymbol{x})=[e_1(\boldsymbol{x}),\cdots,e_j(\boldsymbol{x})]$，误差权重 $\boldsymbol{w}=[w_1,\cdots,w_j]$，期望找到一个最优的参数估计值 $\hat{\boldsymbol{x}}$，使得加权误差平方和趋近于 $\boldsymbol{0}$，即：

$$\arg\min_{\boldsymbol{x}} F(\boldsymbol{x})=\arg\min_{\boldsymbol{x}}(\boldsymbol{we}(\boldsymbol{x}))^{\mathrm{T}}\boldsymbol{we}(\boldsymbol{x}):=\arg\min_{\boldsymbol{x}}\boldsymbol{e}(\boldsymbol{x})^{\mathrm{T}}\boldsymbol{We}(\boldsymbol{x}) \quad (2.25)$$

式中：$\boldsymbol{W}$ 为信息矩阵，它是一个对角矩阵。

该问题可以使用高斯牛顿法(Gauss-Newton)迭代求解。高斯牛顿法是一种计算简便的梯度下降方法，它不需要计算烦琐的海塞(Hessian)矩阵，计算效率较高，因此常被用于对实时性有要求的应用中。作为一个梯度下降方法，对于任意一个初始 $\boldsymbol{x}$，期望找到一个合适的迭代步长 $\Delta\boldsymbol{x}$，使得参数 $\boldsymbol{x}+\Delta\boldsymbol{x}$ 令性能指标函数 $F(\boldsymbol{x})$ 取得极小值。

首先将误差函数进行线性化：$\boldsymbol{e}(\boldsymbol{x}+\Delta\boldsymbol{x})=\boldsymbol{e}(\boldsymbol{x})+\boldsymbol{J}\Delta\boldsymbol{x}$，其中 $\boldsymbol{J}$ 为 $\boldsymbol{e}(\boldsymbol{x})$ 的雅可比矩阵。因此非线性优化函数可重写为

$$\arg\min_{\boldsymbol{x}} F(\boldsymbol{x}+\Delta\boldsymbol{x})=\arg\min_{\boldsymbol{x}}\{\boldsymbol{e}^{\mathrm{T}}(\boldsymbol{x})\boldsymbol{We}(\boldsymbol{x})+2(\boldsymbol{J}^{\mathrm{T}}\boldsymbol{We}(\boldsymbol{x}))^{\mathrm{T}}\Delta\boldsymbol{x}+\Delta\boldsymbol{x}^{\mathrm{T}}\boldsymbol{J}^{\mathrm{T}}\boldsymbol{WJ}\Delta\boldsymbol{x}\} \quad (2.26)$$

若迭代步长 $\Delta\boldsymbol{x}$ 可以使函数在 $\boldsymbol{x}+\Delta\boldsymbol{x}$ 处取得极小值，则有

$$\begin{aligned}\frac{\partial F(\boldsymbol{x}+\Delta\boldsymbol{x})}{\partial\Delta\boldsymbol{x}}=0 &\Rightarrow 2\boldsymbol{J}^{\mathrm{T}}\boldsymbol{We}(\boldsymbol{x})+2\boldsymbol{J}^{\mathrm{T}}\boldsymbol{WJ}\Delta\boldsymbol{x}=0\\ &\Rightarrow \boldsymbol{J}^{\mathrm{T}}\boldsymbol{WJ}\Delta\boldsymbol{x}=-\boldsymbol{J}^{\mathrm{T}}\boldsymbol{We}(\boldsymbol{x})\\ &\Rightarrow \Delta\boldsymbol{x}=-(\boldsymbol{J}^{\mathrm{T}}\boldsymbol{WJ})^{-1}\boldsymbol{J}^{\mathrm{T}}\boldsymbol{We}(\boldsymbol{x})\end{aligned} \quad (2.27)$$

将其中的 $\boldsymbol{J}^{\mathrm{T}}\boldsymbol{WJ}$ 记为 $\boldsymbol{H}$，它可以看作是对海塞矩阵的一种近似；$\boldsymbol{J}^{\mathrm{T}}\boldsymbol{We}(\boldsymbol{x})$ 则可以记为 $\boldsymbol{b}$。最终的迭代公式可以简写为 $\Delta\boldsymbol{x}=-\boldsymbol{H}^{-1}\boldsymbol{b}$。

利用迭代步长 $\Delta\boldsymbol{x}$ 即可实现循环迭代求解过程，直到迭代增量 $\Delta\boldsymbol{x}\to\boldsymbol{0}$ 时停止迭代，得到最优参数估计 $\hat{\boldsymbol{x}}$。

列文伯格-马夸尔特方法(Levenberg-Marquardt)是对高斯牛顿法的改进。通过在高斯牛顿法中增加一个阻尼因子 λ，控制迭代收敛速度，防止振荡，同时避免了 $\boldsymbol{H}$ 矩阵求逆的非奇异问题。列文伯格-马夸尔特方法给出的迭代步长为

$$\Delta\boldsymbol{x}=-(\boldsymbol{J}^{\mathrm{T}}\boldsymbol{WJ}+\lambda\boldsymbol{I})^{-1}\boldsymbol{J}^{\mathrm{T}}\boldsymbol{We}(\boldsymbol{x}) \quad (2.28)$$

其中，阻尼因子 λ 的取值随迭代过程而变化[145]，当误差值随着迭代过程而增加时，增加阻尼来减小搜索步长；反之，则减小阻尼来增加搜索步长。

2.4.2 集束调整(光束平差)

集束调整又称为光束平差，是计算机视觉领域中的一种用于估计相机位姿和空间三维点坐标的方法，被广泛使用在视觉 SLAM 中的位姿估计和地图优化等内容中。

假设有 m 个相机观测到了三维空间中的 n 个特征点,用李代数表示任意一个相机的位姿为$\boldsymbol{\xi}_i$,世界中的三维点坐标表示为 $\boldsymbol{p}_j$,则第 i 个相机根据其内、外参数模型,将 $\boldsymbol{p}_j$ 投影到图像上,得到其投影像素坐标为 z_{ij},而在图像中通过特征提取方法所得到的对应特征点的像素坐标为 $\tilde{z}_{ij}$,二者之间存在着观测误差,记为 $\boldsymbol{e}_{ij}=z_{ij}-\tilde{z}_{ij}$,称为重投影误差。假设误差权重为 w_{ij},则 m 个相机对 n 个特征点观测的加权误差平方和可以作为优化目标,如下式所示。

$$F(\boldsymbol{\xi}_i,\boldsymbol{p}_j)=\frac{1}{2}\sum_{i=1}^{m}\sum_{j=1}^{n}w_{ij}^2\parallel\boldsymbol{e}_{ij}\parallel^2=\frac{1}{2}\sum_{i=1}^{m}\sum_{j=1}^{n}(z_{ij}-\tilde{z}_{ij})^{\mathrm{T}}\boldsymbol{W}(z_{ij}-\tilde{z}_{ij}) \tag{2.29}$$

式(2.29)可以通过非线性优化方法来计算最优的 $\boldsymbol{\xi}_i$ 和 $\boldsymbol{p}_j$ 。当已知 $\boldsymbol{p}_j$,只优化 $\boldsymbol{\xi}_i$ 时,是相机位姿跟踪过程;当同时优化 $\boldsymbol{\xi}_i$ 和 $\boldsymbol{p}_j$ 时,是局部地图优化过程。另外,集束调整的误差观测模型并不局限于重投影误差,也可以是光度学误差,用于直接法位姿优化。

本节所述的非线性优化方法将在本书的视觉里程计和地图优化过程中使用,它们的迭代求解过程均是基于 G2O 开源库[146]实现的。

2.5 小结

本章对本书所使用的三维视觉技术及相关产品进行了介绍,主要分析对比了 3 种不同技术方法的性能优势和局限。本书所述技术将以三维视觉技术为基础,但不限于任何一种特定的三维视觉解决方案。首先介绍了相机的内、外参数模型和 RGBD 图像配准方法,这是使用 RGBD 相机用于 SLAM 的前提。然后对李群和李代数进行了简要介绍,用它们来表示相机的位姿可以简化计算模型,在非线性优化的求解过程中发挥重要作用。最后,本书介绍了非线性优化方法的一般求解算法,以及基于李代数和非线性优化方法的集束调整问题的求解过程。本书在介绍过程中,将大量使用李代数来表示相机的位姿,在本书的视觉里程计(第 4 章)和闭环检测(第 5 章)的介绍中将主要使用李代数和非线性优化方法作为数学工具。

第3章　基于透视不变特征变换的三维视觉特征提取

视觉特征提取是视觉 SLAM 的基础。对于三维视觉而言，相机能够同时获得彩色图像和深度图像，提供的信息更为丰富。因此，研究如何充分利用 RGBD 图像的丰富信息，提高视觉特征的性能，是一个十分重要的研究内容。

本章介绍一种鲁棒的透视不变特征变换（perspective invariant feature transform，PIFT），它充分利用了 RGBD 图像的彩色和深度信息，通过空间透视投影方法和颜色编码方法，提取二进制描述的 RGBD 局部视觉特征。其中，深度信息主要用于透视投影变换，使特征具有透视不变特性；彩色信息主要用于颜色编码，获得二进制的特征描述子。基于透视不变特征变换的三维视觉特征提取方法称为 PIFT 特征提取方法，所提取的特征简称 PIFT 特征。

PIFT 特征提取方法是根据颜色和深度信息的不同物理特性而设计的三维视觉特征提取方法，该方法的总体框架如图 3.1 所示。首先使用 2D 特征点检测算法在 RGB 图像中检测特征点；然后通过将特征点邻域的图像片投影到其空间切平面上，来提取特征点的透视不变特征图像片。其中在 2D 图像中可以被检测到，但在 3D 空间中不稳定的特征点称为伪特征点，可以通过对特征图像片的表面法向量、图像片的形状和亮度等信息进行校验来滤除；最后将颜色编码方法应用于特征图像片来生成二进制的特征描述子。

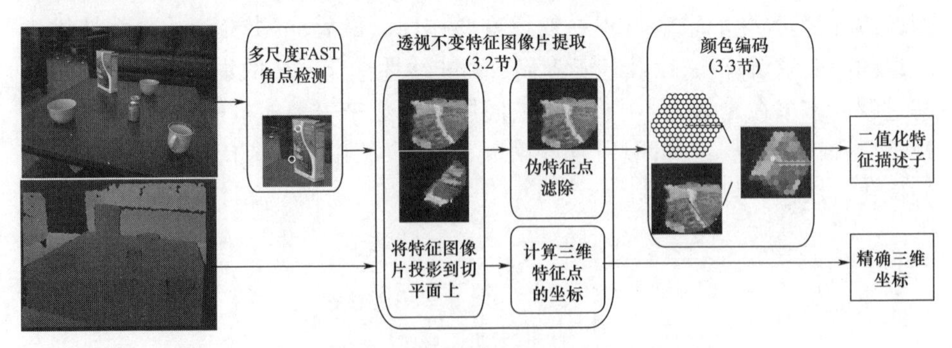

图 3.1　PIFT 特征提取方法的总体框架

本章首先在 3.1 节分析了 RGBD 图像的特点，以及 RGBD 特征提取的难点，并介绍了伪特征点问题。在 3.2 节介绍了一种透视不变特征图像片提取方法，充分利用 RGBD 图像中的深度信息，对特征点邻域图像做前景和背景分割，通过对特征图像片做表面法线估计，将前景图像投影到稳定的空间切平面上，使其具有透视不变性，并且利用了深度信息来归一化图像片的尺度，最终得到透视不变特征图像片。针对特征点三维空间坐标的计算问题，介绍了一种特征点空间坐标的精确计算方法，利用特征点的前景和背景分割结果，可有效避免物体边缘处特征点是处于前景上还是处于背景上的歧义问题，再利用透视投影方法，结合 RGBD 图像的深度信息，计算特征点的精确空间坐标。针对伪特征点问题，利用空间信息和颜色亮度信息，设计了一种伪特征点滤除方法。然后在 3.3 节设计了一种二进制颜色编码方法，可以对透视不变特征图像片进行分块颜色编码，生成特征向量。在 3.4 节进行了实验，将 PIFT 特征与其他特征方法进行实验对比，验证性能。最后在 3.5 节对本章进行简要总结。

3.1　彩色与深度图像特征提取的难点

3.1.1　图像非稠密问题

无论是基于双目立体视觉的 RGBD 相机、基于结构光的 RGBD 相机，还是基于 ToF 的 RGBD 相机，其深度测量都可能存在失效的情况。双目立体视觉相机对缺乏纹理的环境无法测量深度，基于结构光和基于 ToF 的 RGBD 相机对反射、透明或吸光材料的表面无法测量其深度。而且任何一种 RGBD 相机都存在最大测量距离的限制，对于超出量程的物体无法感知其深度信息。这种测量深度时的信息缺失，反映在深度图像上表示为区块性的空洞。

除了深度图像本身由于信息缺失所导致的非稠密问题，彩色图像和深度图像之间的配准也会额外引入非稠密问题。两幅图像之间的配准既可以是将彩色图像配准到深度图像上，也可以将深度图像配准到彩色图像上。由于两个图像的视角之间存在差异，无论使用哪种配准方法，进行配准变换的图像总是会丢失信息，效果如图 2.10 所示。深度图像本身测量的信息缺失主要出现在物体表面内部，配准图像中的信息缺失问题主要出现在物体的边缘。

图像非稠密问题对特征提取过程有很大影响。传统的二维图像特征提取方法全都是基于图像稠密假设，对于非稠密图像无法提取特征。因为原始的彩色图像本身是稠密的，所以传统特征提取方法可以在原始彩色图像上进行特征提取,在这种情况下,彩色图像和深度图像的配准只能选择将深度图像配准到彩色图像上的方案,以保证最后的 RGBD 图像具有稠密的彩色信息。本书也选择这种方式进行 RGBD 图像配准。

而深度图像的非稠密问题是无法避免的,这将导致传统彩色图像特征提取方法无法扩展到深度图像中,而必须针对深度图像的非稠密问题独立设计特征提取方法,这将是任何一种期望利用深度信息的 RGBD 特征提取方法都必须解决的问题。针对深度图像非稠密问题,目前有一些插值的方法在深度图像中填充像素,并取得了一定进展[147-148]。但是因为这些深度信息在理论上已经丢失了,这些填补算法只是一种基于经验的填充,所以其性能有限。

本书所介绍的 RGBD 特征提取方法将对彩色信息和深度信息分开使用。角点特征的提取将在稠密彩色图像上进行,但是特征描述子的提取则同时依赖彩色信息和深度信息,本书充分考虑了 RGBD 图像的非稠密问题,实现了在非稠密 RGBD 图像上的特征提取。

3.1.2 伪特征点问题

在彩色图像中提取的角点特征可以分为两类:一类特征点可以在三维空间中保持其位置不变,而不随视角的变化而变化;另一类特征点则会随视角的变化而改变其在三维空间中的位置,本书将这类特征点定义为伪特征点。图 3.2 展示了一些稳定特征点和伪特征点的示例。

图 3.2　稳定特征点(黑色圆圈)和伪特征点(白色圆圈)的示例

图 3.2 中黑色圆圈表示稳定特征点,它们唯一地表示了三维空间中的一个稳定的空间点,无论相机视角如何变化,它们在图像中的特征检测结果都能够

保持稳定，始终代表同一个三维空间特征点；白色圆圈代表了伪特征点，它们伴随着相机的透视投影过程而产生，是由于前景物体边缘与背景的遮挡而产生的。随着相机视角的变化，前景与背景的空间遮挡关系也会发生变化，导致在图像中检测的角点特征无法稳定地表示三维空间中的一个确定不变的空间点。

从图3.2中可以看出，物体表面内的特征点是由物体表面纹理而产生的，必定是稳定特征点。而伪特征点只能在物体的空间边缘上被检测到，其中有两种伪特征点：一种来自前景物体的空间边缘与背景物体空间边缘或纹理之间的相互遮挡，如盒子边缘与桌子边缘的遮挡位置；另一种来自物体边缘的弯曲表面结构，如碗口边缘位置。

这些伪特征点对视觉SLAM的精度和鲁棒性都会有影响。在实际应用中，一个视频序列相邻两帧图像的视角变化很小，那么这些伪特征点的空间位置变化也很小。因为伪特征点可以连续跟踪，所以它们几乎不能用RANSAC方法或其他特征匹配算法去除掉。在这种情况下，伪特征点的空间坐标变化将会降低位姿估计的精度。而当两帧之间的视角变化很大时，这些伪特征点虽然可以用RANSAC过滤，但是由于它们的空间位置的变化很大，作为RANSAC算法的外点，有可能导致RANSAC无法收敛，进而导致位姿估计失败。

由于在相机的透视投影过程，彩色图像中已经丢失了物体的空间结构信息，因此仅仅依靠彩色图像的信息不可能区分或去除图像中的伪特征点。但在RGBD图像中，借助深度信息，使得检测和去除这些伪特征点成为可能。本章将介绍如何利用深度信息筛选和去除伪特征点。

3.1.3　透视投影问题

稳定的特征点虽然能够保持其空间位置的稳定，但是在二维图像中的“外观”仍然可能随视角的变化而变化。由于特征描述子的提取需要选择特征点的一个邻域作为特征图像片，然后从这个特征图像片提取特征点的描述子，因此特征点邻域的图像外观变化将直接导致提取的特征描述子的鲁棒性变差。

透视投影描述了三维场景投影到二维平面的过程。其中，三维场景如果仅包含一个空间平面，而不包含复杂的空间曲面或遮挡，那么不同视角下的透视投影图像的外观变化情况退化成为二维图像的透视变换问题。二维图像的透视变换问题已经有了较为深入的研究和应用，主要用于将任意视角下的地面图像转换为鸟瞰图等应用。但是，二维图像的透视变换模型较为简单，仅用于描述环境中平面内部的特征点外观的变化情况，而无法描述实际环境中的弯曲表面。当存在前景背景遮挡时，如特征点是空间角点时，或者物体表面内部的特征点非常接近于物体边缘时，在这种情况下，特征点所在物体边缘处的一部分图像背景会被特征点邻域图像所包含在内,成为特征图像片的一部分。随着视角的变化,背景部分图像也发生了变化,直接导致特征描述子发生剧烈变化。以上情况均是由在相机的透视投影过程中导致的,由三维场景透视投影到图像平面上而产生的问题。

借助 RGBD 相机的空间感知能力,可以在很大程度上恢复透视投影之前的场景三维空间信息。本书将利用深度信息滤除特征点附近的背景的干扰,并通过鲁棒的透视投影变换,保证特征图像片的外观稳定,使最终的特征提取方法具有透视不变性。

3.2 透视不变特征图像片的提取

本书首先使用成熟的多尺度 FAST 角点检测算法在彩色图像中检测角点。多尺度 FAST 角点检测算法在 BRISK 特征和 ORB 特征等多种特征提取方法中都有使用,它通过在多尺度图像空间中使用 FAST 检测算法,实现了算法对尺度的不变性。同时,该算法计算量比较小,适用于对实时性要求比较高的应用。

对于图像中检测到的一个角点,它本身作为一个二维坐标点,无法描述图像的外观信息。为了对它进行特征描述,需要利用它邻域范围内的一些像素点的信息,共同描述该点处的外观特性,即以该角点为中心,将其图像邻域范围内的一块像素区域作为一个特征图像片,然后利用特征图像片的像素信息,生成特征描述子。在传统方法中,特征图像片的形状一般为正方形或圆形,特征图像片的大小则与角点检测所在的图像尺度空间有关,以保证特征对尺度的不变性。

本节同时利用了 RGBD 图像中的深度信息与彩色信息,介绍了一种透视不变特征图像片提取方法。首先,借助深度信息,将图像邻域内的背景像素进行了滤除,以避免背景随视角变化而影响特征的鲁棒性。这一步称为图像片分割,是完全依靠深度图像信息实现的。然后,由于特征点所在空间物体处的表面法向量是在空间中稳定不变的,利用这个性质,将特征点邻域的像素投影到这个稳定的切平面上,生成特征图像片,实现了特征图像片对透视变换的不变性。另外,考虑特征点可能处于物体边缘处,本节还利用该切平面实现了对特征点的三维空间坐标的精确计算,避免了特征点是处于前景还是处于背景的歧义问题。最后,本节还基于特征图像片的空间和外观信息,设计了伪特征点的滤除算法。

3.2.1　特征图像片分割

以特征角点为中心的一个邻域图像片，称为感兴趣区域（region of interest，ROI）。其中既包含了角点所在物体的一部分表面，也可能包含了一部分背景图像。为了将特征所在的物体与背景分开，以排除背景对特征提取的干扰，将在深度图像上使用二值分割的方法在 ROI 中分割前景和背景。

自适应阈值分割是一种不需要人为指定分割阈值的分割方法，广泛适用于对图像的二值化分割。目前比较流行的自适应阈值分割方法有均值阈值分割和高斯阈值分割，但是它们对图像中像素值的分布模型有很强的假设，在实际应用中容易出现错分情况。直方图双峰法则假设图像直方图呈双峰分布，然后利用双峰之间的谷作为分割阈值，更加符合前景和背景分割任务。但是该方法不适合直方图中存在多峰的情况，即 ROI 中包含了多层次的背景，也无法用于直方图单峰的情况，即 ROI 中不包含背景。因此本节介绍了一种直方图连续性阈值，作为 ROI 中的前景和背景分割阈值。

首先建立 ROI 的深度直方图，如图 3.3 所示。值得注意的是，ROI 不宜选的过大，一方面是为了避免过多的周围像素会影响直方图中深度值的聚集和分离程度；另一方面也可以减少数据处理的计算量。然后在深度直方图中由近及远进行搜索，找到一个连续存在像素的深度区间，作为前景深度范围，继续搜索一个连续不存在像素的深度区间，作为前景和背景分割阈值；然后忽略这之后的像素区间，无论后面的区间中是否存在像素，像素如何分布。

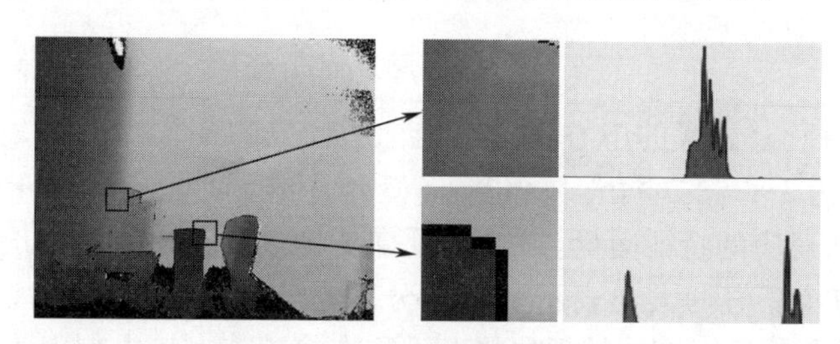

图 3.3　两种类型的深度直方图

（对于不包含背景的区域，其深度直方图中的像素呈现聚集效果；对于包含背景的区域，其深度直方图中的像素呈现分块聚集效果）

利用这个深度连续性阈值即可以实现 ROI 的前景分割。使用这种分割方式既可以实现背景的滤除，也避免了特征点是处于前景还是背景的歧义问题。由于深度图像的非稠密问题，在物体空间边缘处的像素点可能具有无效的深度值；甚至有时候因为深度图像测量噪声的影响，物体边缘的特征点所对应的深度值可能处于背景上,这是一种严重的定位错误。此时,可以利用前景与背景分割的方法来大致确定特征点所处的空间位置,确保了算法能够在正确的物体上裁剪特征图像片。

除了深度方向上的前景与背景分割,还需要指定左右和上下两个方向上的分割范围。但是由于 ROI 一般选取的比较小,在实际分割时还要进行区域增长,以实现一个比较大的图像片的前景与背景分割,这个比较大的图像片将作为特征提取的特征图像片。对于特征图像片大小的选择,由于 RGBD 相机提供了真实的场景尺度信息,因此使用固定空间大小来裁剪特征图像片。这也意味着特征图像片在图像中的像素区域大小不一,但是这些区域所对应的真实空间尺度一致。这个固定空间尺度大小称为“空间半径”,是一个与应用场景尺度有关的经验参数,它代表了特征点的空间尺度信息,需要根据使用环境进行合理设置。例如,在室外大尺度环境中应设置较大,室内则可以设置较小。

3.2.2 特征图像片投影

在图像中分割得到的特征图像片会随着场景视角的变化而发生改变。为了使特征图像片具有透视不变性,本节将对分割得到的特征图像片进行透视投影,映射到一个空间稳定的平面上,得到透视不变特征图像片。

由于特征点所在空间物体处的表面法向量是在空间中稳定不变的,利用这个性质,本节选择特征图像片所在的切平面作为透视投影所使用的稳定空间平面。本节使用奇异值分解(singular value decomposition,SVD)方法来计算切平面的参数。SVD 的基本公式为

$$\boldsymbol{A} = \boldsymbol{U} \cdot \boldsymbol{S} \cdot \boldsymbol{V}^{\mathrm{T}} \tag{3.1}$$

式中:$\boldsymbol{A}$ 为由所有像素的中心化三维坐标所构成的矩阵,如有 n 个像素点,则 $\boldsymbol{A} \in \mathbb{R}^{n\times 3}$;$\boldsymbol{S}$ 为 3×3 的对角矩阵,包含了矩阵 $\boldsymbol{A}$ 的 3 个特征值;$\boldsymbol{V} \in \mathbb{R}^{3\times 3}$ 包含了 3 个特征值所对应的特征向量。3 个特征向量构成了空间中互相正交的 3 个坐标方向,对应特征值的大小表示了数据分别在这 3 个方向上的离散程度。其中,最小的特征值所对应的特征向量表示所有像素点在该方向上最不具有区分度,即该方向就是这些像素的切平面法向量。

通过 SVD 方法即可计算出特征图像片的空间切平面。由于切平面法向量的方向会有正负两个,因此为了保证所有特征图像片法向量的空间一致性,还需要对每个法向量进行方向一致性调整。本节将所有特征图像片的法向量调整为与相机视线方向一致。

将特征图像片中的所有像素点投影到该空间切平面上。注意到 SVD 公式中的矩阵 $\boldsymbol{U} \in \mathbb{R}^{n\times 3}$ 表示所有像素点在 3 个特征向量所表示的坐标系下的坐标,

因此像素在空间切平面上的投影坐标可以直接利用 $\boldsymbol{U}$ 中的前两列来表示，仅需要根据法向量的一致性调整相应的正负号。但是，值得注意的是，在实际使用中，SVD 的计算量随着像素点的增加而急剧增加，为了减少计算量，通常只选取一个小的图像 ROI 区域来参与计算，因此只有这些像素可以直接利用 SVD 的计算结果，特征图像片中的其他像素点仍需要进行坐标投影的计算。

在投影平面内对映射后的像素点采样并生成图像。由于原始图像经过投影变换后存在疏密不均的情况，在生成新的特征图像时要对稠密的区域进行降采样，对稀疏的区域进行最近邻插值。使用本书方法所提取的透视不变特征图像片，如图 3.4 所示。

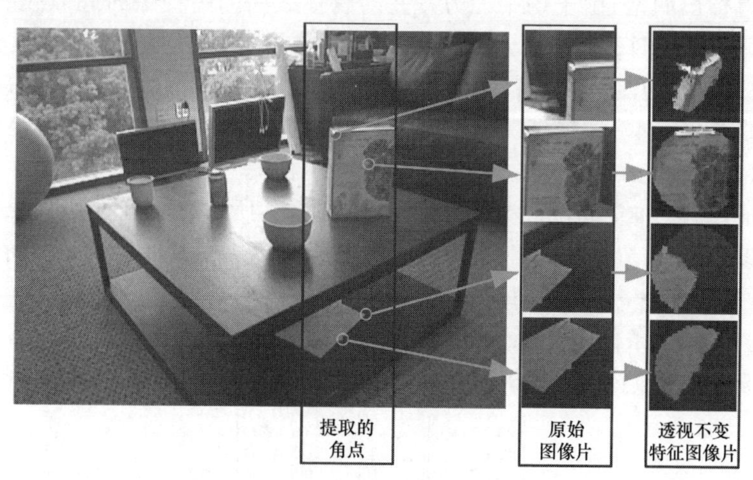

图 3.4　透视不变特征图像片提取效果

从图 3.4 中可以看出，原始图像片经过透视投影变换后，外观发生了较大变化，相当于从特征点法向量方向所观察的图像效果。受空间半径的约束，得到的透视不变特征图像片为圆形，并且其中还包含一些无效像素点，用黑色表示。这些无效像素点一方面是由 RGBD 图像非稠密问题导致的；另一方面是由本书方法中的前景与背景分割与透视投影变换产生的。这些透视不变特征图像片具有相同的空间尺度，每个特征图像片上的圆形区域都代表了相同的空间尺寸。

另外，需要指出的是，经过透视投影变换得到的特征图像片，在投影平面内可能存在一个角度旋转，这个角度旋转无法保证不变性。这是由 SVD 方法本身决定的，特别是当特征点所在物体的表面是一个很平整的平面时，这个旋转角度甚至可能是随机的。因此，还需要定义这些特征图像片在平面内的主方向。本节使用颜色亮度信息定义特征图像片的主方向，将在 3.3 节介绍。

3.2.3 计算特征点的三维坐标

使用前景与背景分割以及透视投影变换进行特征图像片的提取过程，还有利于实现对特征点三维坐标的精确计算。前景与背景分割可以避免由于存在测量噪声，而将边缘处的特征点坐标定位在背景上的错误。同时，因为 RGBD 图像的非稠密问题，会导致特征点所在像素值的深度信息缺失。以上两种情况都需要对特征点的三维坐标进行重新计算。本书基于透视投影变换过程中的切平面方程，给出了一种精确求解特征点三维坐标的方法。

值得指出的是，由于切平面方程是对物体表面的一种平面近似假设，当物体表面并不平整时，这种假设会引入额外的误差。因此，对于那些深度信息有效的、没有错误地定位到背景上的特征点，仍然使用其对应像素点处的深度值作为最终结果。本书方法只针对那些深度信息无效的或者被错误地定位到背景上的特征点，使用以下方法进行三维坐标的计算。

特征点的三维空间位置被认为是在特征图像片所在的空间切平面上，假设切平面的参数为 (A,B,C,D)，特征点的三维坐标为 (x_c, y_c, z_c)，则满足平面约束。

$$Ax_c + By_c + Cz_c + D = 0 \tag{3.2}$$

另一个约束条件是特征点在相机彩色图像中的投影像素坐标。假设特征点的像素坐标为 (u,v)，相机内参数为 (f_x, f_y, u_0, v_0)，则根据针孔相机模型得

$$\begin{bmatrix} u \\ v \\ 1 \end{bmatrix} = \frac{1}{z_c} \begin{bmatrix} f_x & 0 & u_0 \\ 0 & f_y & v_0 \\ 0 & 0 & 1 \end{bmatrix} \begin{bmatrix} x_c \\ y_c \\ z_c \end{bmatrix} \tag{3.3}$$

联立式(3.2)和式(3.3)，求解得

$$\begin{bmatrix} x_c \\ y_c \\ z_c \end{bmatrix} = D/(A(u-u_0)/f_x + B(v-v_0)/f_y + C) \begin{bmatrix} (u-u_0)/f_x \\ (v-v_0)/f_y \\ 1 \end{bmatrix} \tag{3.4}$$

3.2.4 伪特征点滤除

伪特征点对视觉 SLAM 的精度和鲁棒性都会有影响。本节同时利用 RGBD 图像中的深度信息和彩色信息，结合透视不变特征图像片的提取过程，实现了对伪特征点的检测和滤除。

需要指出的是，伪特征点被定义为会随视角的变化而发生三维位置变化的特征点。按照这个定义，物体的空间几何角点是稳定角点，如盒子的直角顶点。然而，实际环境中的几何角点并不是理想的角点，会在一个小尺度范围内存在

一个圆滑过渡。因此,实际上任何空间几何角点都会随着视角的变化而发生位置变化,只是位置变化的剧烈程度不同而已。这种位置变化的剧烈程度与空间几何角点的圆滑程度有关,如一个杯子的杯口要比杯子的手柄顶端更圆滑,却远没有柔软的沙发角圆滑。因此,我们说这种变化剧烈程度是相对的而非绝对的,无法通过一个固定的尺度标准来界定。

因此,一个特征点被认定是伪特征点还是稳定特征点,取决于应用场合对其位姿变化的容忍程度。当机器人运动的空间尺度远大于特征点处几何角点的尺度时,则认为是稳定角点;反之,则为伪特征点。例如,要对桌面物体进行模型重建,则碗的边缘被认为是不稳定的;但是如果是大尺度的SLAM应用,则可以认为它是稳定的。因此,伪特征点的检测需要根据使用环境人为设定一个参数作为前提,本节使用特征图像片的空间半径作为参数,它表征了特征点的空间尺度信息。由于这个参数描述了算法使用多大的空间邻域来描述该特征点,因此只要特征点在这个空间邻域内保持稳定,即可认为该特征点是稳定的。最后本节将这个参数称为特征点的空间半径,记为R。

在3.1.2节中介绍了伪特征点的两种类型:一种来自前景物体的空间边缘与背景物体空间边缘或纹理之间的相互遮挡,如盒子边缘与桌子边缘的遮挡位置;另一种来自物体边缘的弯曲表面结构,如碗口边缘位置。对于两种伪特征点的判断条件如图3.5所示。

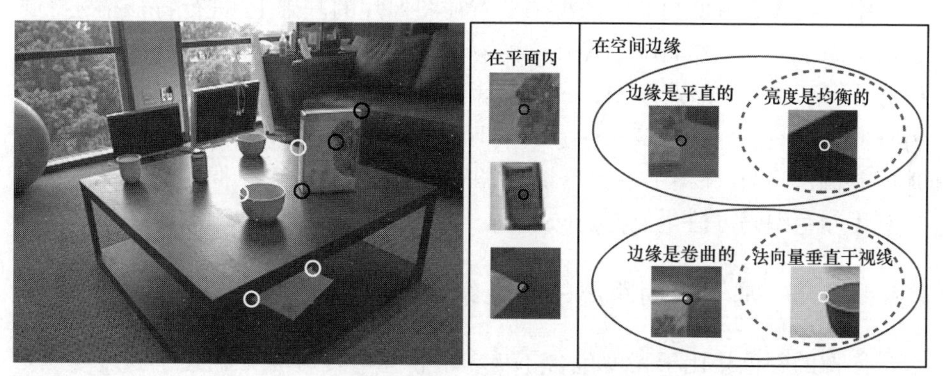

图3.5　伪特征点的判断条件
(其中白色圆圈表示伪特征点,黑色圆圈表示稳定特征点)

两种类型的伪特征点都出现在物体的空间边缘,而判断特征点是否位于物体边缘则可以直接利用3.2.1节中关于前景与背景分割的结果。对于第一种伪特征点,其物体边缘是平直的,并且由于特征点的检测是由前景与背景的遮挡而产生的,而非由于平面内纹理所产生,因此伪特征点所在平面内缺乏纹理信息,即亮度值在前景内是均一分布的。对于第二种伪特征点,其物体边缘是卷曲的,但是与物体的空间几何角点不同,伪特征点所在空间的法向量是垂直于视线方向的。

以上用于判断伪特征点的条件,全部可以在透视不变特征图像片的提取过程中直接或间接获得。其中,特征点是否处于物体边缘可由前景与背景分割结果来判断,即特征点是否存在相邻的背景像素点;物体边缘是平直还是卷曲的,可以由得到的特征图像片的几何形状来判断,当以特征点为分界的两段边界的夹角大于120°时,认为该边界是平直的,否则认为是卷曲的;物体表面亮度值分布情况可以在特征图像片中分析,当图像片的几何中心与亮度加权几何中心几乎重合时,说明不存在亮度纹理,其中重合的判断阈值为 $0.2R$;物体边缘法向量与视线方向是否垂直,则是根据特征点处的法向量与特征点在相机下的三维坐标来计算的,当二者的方向夹角大于70°时,则认为是垂直的。

综上,本节介绍了透视不变特征图像片的提取方法,其中用到了前景与背景分割操作与透视投影操作,并直接或间接地利用特征图像片的提取结果,实现了对特征点三维坐标的精确计算和伪特征点的滤除。接下来将在3.3节介绍如何在特征图像片上提取特征描述子。

3.3 基于颜色编码的特征描述子

本节在3.2节所提取的透视不变特征图像片的基础上,进行特征描述子的提取。为了充分利用特征图像片中的彩色信息,本节介绍了一种二值化颜色编码方法,是一种基于汉明(Hamming)编码方法设计的颜色编码方法,可以通过特征向量之间的异或运算来快速计算两个特征之间的相似性。针对特征图像片的非稠密问题,介绍了一种分块采样编码方法,可以在非稠密的特征图像片中利用颜色编码方法生成特征向量。

3.3.1 基于汉明距离的颜色编码方法

图像的颜色相比于亮度包含了更多的信息。传统特征描述子大多是基于亮度或亮度梯度生成的。考虑到在大多数应用条件下图像中物体的颜色是稳定的,因此利用颜色信息来生成特征描述子是一个十分有意义的研究,近年来也取得了一定的成果[22,150-152]。

颜色编码方法是将一个彩色像素或一组彩色像素映射到一个编码的方法,其主要目的是将一个图像或图像片压缩成一个编码向量。这个过程与特征描述子的提取过程基本上是一致的。因此,可以使用颜色编码方法来提取图像中的描述子。数字图像处理领域中有许多颜色编码方法,如RGB颜色空间中的

Bgr8、Bgr16 和 Bgr565 编码方法，以及 YUV 颜色空间中的 YCbCr422 编码方法等。但是这些颜色编码方法主要用于图像压缩传输或图像显示，这些编码方法难以方便地计算两种颜色编码之间的颜色差异。本节介绍一种基于汉明编码的二进制颜色编码方法，可以方便地通过计算两种颜色编码之间的汉明距离来度量两种颜色之间的差异。

本节在 HSV 颜色空间中对颜色进行编码。HSV 颜色空间是一种比 RGB 颜色空间更鲁棒的颜色空间。RGB 颜色空间与 HSV 颜色空间如图 3.6 所示。

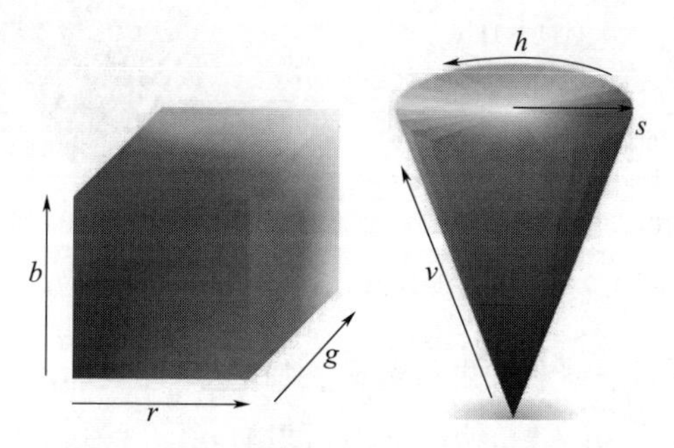

图 3.6　RGB 颜色空间与 HSV 颜色空间

HSV 颜色空间包含色调(hue)、饱和度(saturation)和明度(value)3 个分量，其中色调使用 $0°\sim360°$ 的角度表示，饱和度与明度使用 $0\sim1$ 的线性数值表示。若 RGB 颜色空间的颜色值为 (r,g,b)，3 个分量的取值范围为 $0\sim1$，则 HSV 颜色空间的对应颜色分量 (h,s,v) 的计算过程如式(3.5)所示。

$$h=\begin{cases}0° & ,\max=\min \\ 60°\times\dfrac{g-b}{\max-\min}+0° & ,\max=r\ \text{且}\ g\geqslant b \\ 60°\times\dfrac{g-b}{\max-\min}+360° & ,\max=r\ \text{且}\ g<b \\ 60°\times\dfrac{g-b}{\max-\min}+120° & ,\max=g \\ 60°\times\dfrac{g-b}{\max-\min}+240° & ,\max=b\end{cases} \tag{3.5}$$

$$s=\begin{cases}0 & ,\max=0 \\ \dfrac{\max-\min}{\max} & ,\text{其他}\end{cases}$$

$$v=\max$$

式中：$\max=\max(r,g,b)$，$\min=\min(r,g,b)$。

本节所介绍的汉明距离颜色编码方法在 HSV 颜色空间中实现对颜色的量化编码,编码方式如图 3.7 所示。

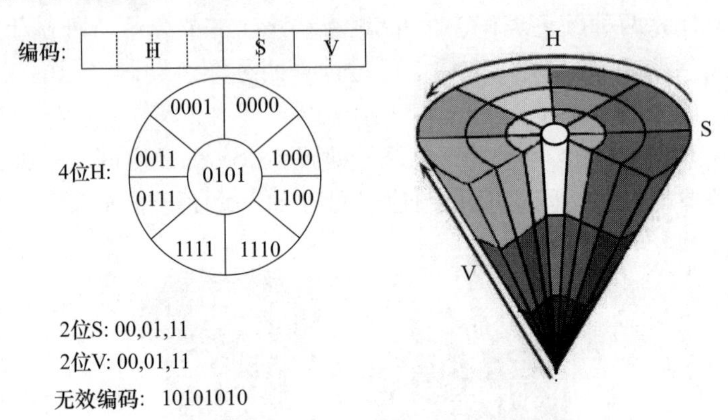

图 3.7　基于汉明距离的 HSV422 颜色编码方式

每种颜色使用一个字节来进行编码,其中包含 3 个 HSV 颜色通道,色调通道占 4 位,饱和度通道占 2 位,明度通道占最后 2 位。与其他二进制数值编码方式不同,本书使用汉明编码方式,每个颜色分量都用二进制代码进行编码。色调被量化为 8 个等级,即 0000、0001、0011、0111、1111、1110、1100 和 1000,为了提高颜色编码的鲁棒性,对于那些饱和度很低的颜色,单独定义一个色调编码 0101,它表示了灰度颜色。饱和度与明度分别被量化为 3 个等级,即 00、01 和 11。在这种编码方法中,任何颜色都可以编码为一个字节的颜色码,同时相似的颜色之间的颜色码具有较小的汉明距离。针对图像的非稠密问题,本节还需要对无效像素点定义一个无效颜色码来表示。将该无效颜色码定义为 10101010,并且定义它与其他有效颜色码之间的汉明距离为最大距离,即颜色码的位长。

通过这种颜色编码方法,任意一种颜色都可以被编码成一个颜色码,并且两种颜色之间的相似程度可以使用汉明距离,即异或运算,来方便地进行度量,更加适用于实时性要求较高的视觉 SLAM 应用。

上述使用一个字节来编码一种颜色的方式命名为 HSV422 编码,除此之外,还可以扩展到使用多个字节来编码一种颜色,以提高颜色表示精度。例如,可以使用 HSV655 编码,即用 6 位表示 12 个等级的色调,5 位表示 6 个等级的饱和度,5 位表示 6 个等级的明度。颜色编码方式与 HSV422 相同,可以根据使用环境合理调整每个 HSV 通道的精度等级。

考虑到颜色编码是在 HSV 颜色空间进行的,而 RGBD 相机所获取的彩色图像是在 RGB 颜色空间表示的,因此本节使用离线颜色查找表(Color Look-Up

Table, CLUT)的方法[153]，来避免对这些颜色进行在线空间转换。首先离线对RGB颜色空间进行降采样量化到64×64×64的分辨率；然后对于每种RGB颜色都将其转换到HSV颜色空间；最后进行颜色编码，这样即可建立从RGB采样颜色空间到颜色编码的映射关系，称为颜色查找表。当进行在线的颜色编码时，可以通过颜色的RGB分量直接在颜色查找表中进行索引，实现快速的颜色编码，提高算法效率。

3.3.2　特征图像片采样与编码

对特征图像片中的所有像素进行颜色编码，按照一定顺序排列即可得到一个编码向量，作为特征描述子。然而，对特征图像片中的所有像素都进行编码，来创建一个很长的特征向量是不明智的，因为在计算机中存储和处理这些向量的负担会很重，而且由于图像模糊的原因，对每个像素都进行编码也是没有必要的。因此需要对特征图像片进行降采样操作。

另外，对于3.2节中提取的透视不变特征图像片，还需要对它计算图像主方向，以实现在图像平面内的旋转不变性。特征图像片的中心点即为特征角点，特征主方向利用图像片中的像素亮度值来计算，即图像片中的所有有效像素的亮度加权坐标中心相对于图像中心的方向。特征图像片中的无效像素点则对主方向没有贡献，因此对于那些代表物体空间角点的特征点，即使物体表面颜色单一，但是由于形状的原因，也可以得到一个稳定的主方向。

本节使用图像蒙版的方法来对特征图像进行降采样，并设计了两种降采样蒙板，分别是蜂巢蒙板和环形蒙板（图3.8），可以在实际应用中根据需求进行选取和使用。

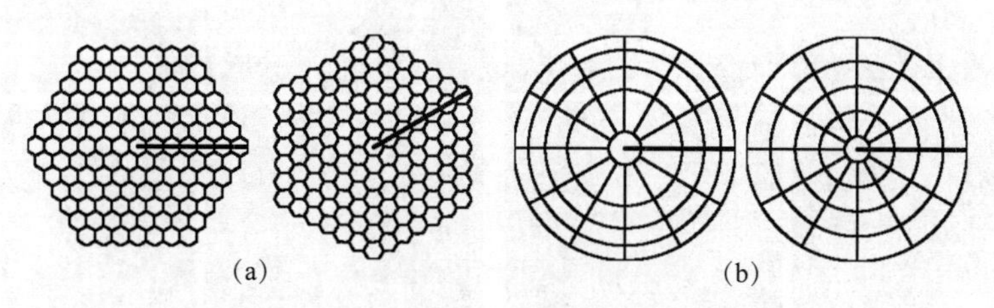

图3.8　两种不同类型的特征图像片降采样蒙版
（a）蜂巢蒙板；（b）环形蒙板。

图3.8（a）所示的蜂巢蒙板中共有61个单元格，当用蒙版对图像片采样时，每个单元格内的像素颜色均值将代表该单元格的颜色，用于颜色编码。最后将61个颜色编码组织为一个61维的向量，作为特征描述子。除了蜂巢蒙版，用户还可以根据需要而设计蒙版，如图3.8（b）中所示的等面积环形蒙版和等半径

环形蒙版。

由于特征图像片存在主方向,因此在使用采样蒙版之前,需要先将特征图像片的主方向与蒙版的主方向对齐。这一步的操作既可以是对图像做旋转变换,也可以是对蒙版做旋转变换。为了提高在线计算效率,本节离线对蒙版做各个角度的旋转变换。在在线应用时,则根据当前特征图像片的主方向,直接调用对应的蒙版。如图 3.8(a)展示的是 0°和 30°的蜂巢蒙版。

最后,利用本节所介绍的颜色编码方法与蜂巢采样蒙版在透视不变特征图像片中提取特征描述子,结果如图 3.9 所示。其中,特征描述子被重构成为图像,以直观地显示该特征描述子对特征图像片的表示能力。

图 3.9(a)所示为透视不变特征图像片,图 3.9(b)所示为对应的特征描述子所重构的图像。特征描述子的重构图像是根据特征向量中的颜色编码所代表的颜色重新绘制到蒙版上所得到的。由于颜色编码是对颜色的一种量化表示,蒙版也是一种对图像片的降采样,因此所重构的图像是相当于对原始特征图像片的一种几何空间和颜色空间的降采样表示形式。其中,粗直线表示了特征图像片和重构图像的主方向,由于特征描述子中没有保存该方向信息,因此重构的图像全部被归一化旋转到主方向上。从图 3.9 中可以看出,本节所介绍的特征描述子提取方法能够很大程度上保留特征图像片的几何与颜色信息,并且对于存在无效像素点的情况也具有适应性。

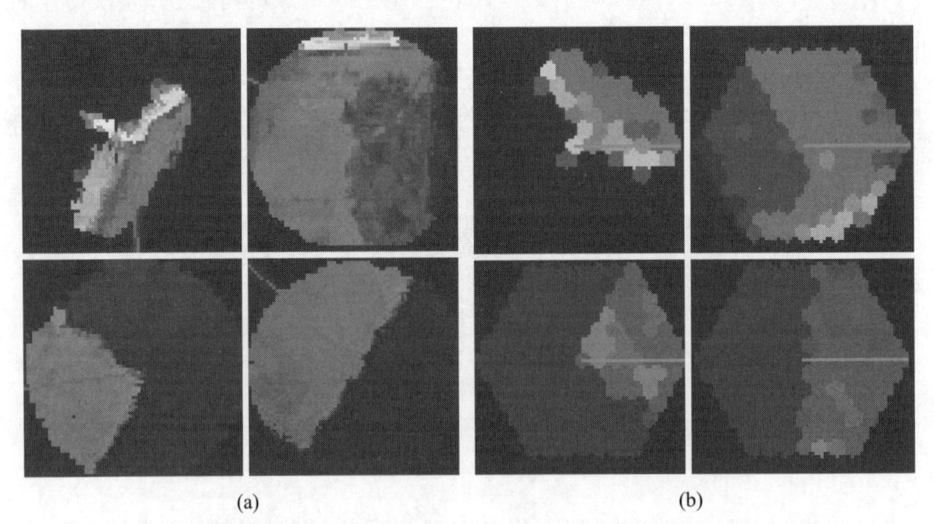

图 3.9 使用颜色编码方法对透视不变特征图像片提取特征描述子的结果

3.4 实验对比与分析

本节设计了一些实验,对所介绍的 PIFT 特征进行性能验证与分析。首先对算法的伪特征点检测与滤除性能,以及特征点三维坐标的精确计算效果进行了实验验证;然后通过与其他特征提取算法进行对比实验,验证了 PIFT 特征在大视角差异下的特征匹配性能,利用一组视角连续变化的视频序列,测试了各种特征针对视角逐渐增大情况下的鲁棒性,对 PIFT 特征提取方法中的各个功能模块分别进行了消融实验,以对比分析各个模块对整个方法所起到的作用;最后实验分析了 PIFT 特征的实时性能。

本节实验全部是在两个公开的数据集上进行的[154-155],这两个数据集是在室内场景下利用手持 Kinect 相机所采集的,数据集同时提供了高精度的相机位姿真值,可以用于实验结果的定量分析。PIFT 特征提取方法通过 C++编程实现,源代码已经开源。所有的实验均是在一台 2.4GHz 的四核计算机上运行的。根据数据集所采集的室内环境尺度,算法中的特征点空间半径参数 R 设置为 10cm。

3.4.1 伪特征点滤除与特征点三维坐标计算

本书所介绍的特征提取方法具有两个相对独立却很重要的功能,也就是伪特征点的滤除和对特征点三维坐标的精确计算,因此首先将这两个功能进行单独实验验证。

使用本书方法进行伪特征点滤除的实验效果,如图 3.10 所示。

图 3.10　伪特征点滤除结果

图中深色、浅色和五角星表示的都是在彩色图像中进行多尺度 FAST 角点检测所得到的特征角点。浅色点表示本书所提取的稳定特征点;五角星表示本书方法所检测并滤除的伪特征点;深色点则表示由于图像非稠密问题所导致的深度信息严重缺失,从而无法提取特征描述子的无效特征点。

实验结果表明,本书方法能够有效滤除那些不稳定的伪特征点。通过手工标记伪特征点真值进行分析,伪特征点滤除方法能够实现约 50%的伪特征点检出率(召回率)和 80%的滤除正确率(精确率)。

PIFT 特征提取方法的另一个功能是对特征点三维空间坐标的精确估计。这个功能是针对那些因测量噪声的影响而被定位在背景上的特征点,以及因为 RGBD 图像的非稠密问题而导致的深度信息缺失的特征点而使用的,可以实现对这两类特征点的三维坐标的精确计算。

利用本书方法计算的特征点三维坐标结果,如图 3.11 所示。图中还一起展示了特征点所对应的原始像素深度作为对比。

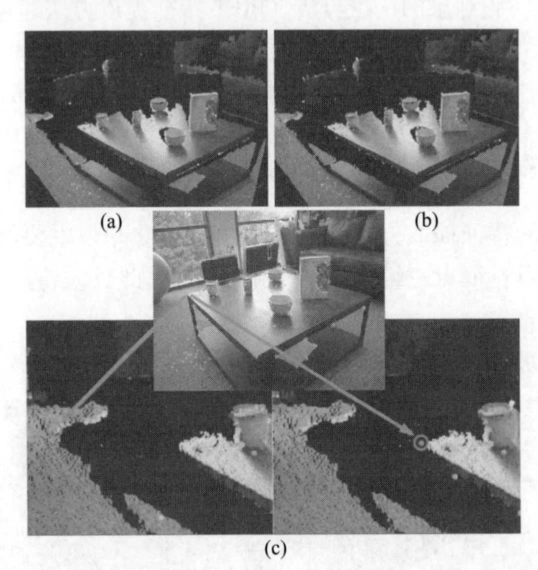

图 3.11　特征点三维坐标计算结果

(a)直接使用像素深度值计算的特征点三维坐标;(b)使用本书方法计算的特征点三维坐标;(c)两种结果的一些放大细节。

图 3.11(a)展示了直接使用像素深度值计算的特征点三维坐标,即深度传感器所感知的原始空间信息;图 3.11(b)展示了使用本书方法计算得到的特征点的精确三维坐标结果,图 3.11(a)和(b)中代表同一个特征点的坐标点被标记为相同的颜色,以便于对比分析;图 3.11(c)展示了两种结果的一些细节对比

情况。从图 3.11 中可以看出,图 3.11(a)和(b)中的大部分坐标点是相同的,这是因为 RGBD 图像中大部分的深度测量值是正确有效的。但是由于深度测量噪声的影响,一些物体边缘处的像素点会被错误地映射到背景上,导致此处的特征点的空间坐标也发生了错误,如图 3.11(c)中的桌角。而本书对特征点的三维坐标计算方法则可以精确地计算它的三维坐标,有效地避免了此类物体边缘处特征点的定位错误情况。

实验结果证明,特征点三维坐标计算方法所具有的优势能够在深度传感器存在测量噪声的情况下实现对特征点三维坐标的精确计算,对于物体边缘处的特征点尤为重要。

3.4.2　特征匹配

PIFT 特征具有透视不变性,这表示 PIFT 特征能够在较大视角变化下保持鲁棒性。为了测试 PIFT 的特征匹配性能,特别是在较大视角变化的两幅图像中的特征匹配效果,设计了以下对比实验。

选取几种经典的视觉特征和目前最新的几种三维视觉特征,即 SURF、BRIEF、BRISK、FREAK、ORB、FPFH、CSHOT 和 BRAND 特征,与 PIFT 特征进行对比实验。实验在开源数据集上进行,为了保证实验结果的可对比性,所有的特征提取方法都对同样的特征角点来提取特征描述子。也就是说,实验中的所有对比方法都是在同样的测试集上进行实验,保证了实验对比的公平性。

在两幅具有视角变化的 RGBD 图像上进行特征匹配实验,所有对比方法在其中一组图像上的特征匹配结果,如图 3.12 所示。其中,所有匹配结果都是没有经过 RANSAC 或一致性检验的原始匹配结果,真实地反映了所有特征的自身性能。

图 3.12 中的小圆圈表示特征角点,连接左右两幅图像中两个角点的线段表示了特征匹配的结果。从特征匹配结果中可以看出,以 FPFH、CSHOT、BRAND 和 PIFT 特征为代表的三维视觉特征普遍要比 SURF、BRIEF、BRISK、FREAK 和 ORB 等二维视觉特征存在更少的错误匹配结果,表明了三维视觉相比于二维视觉的优势。在所有特征提取方法中,PIFT 特征存在最少的错误匹配。

特征匹配结果的定量分析如表 3.1 所列。其中精确率(precision)是指正确的特征匹配数量与该算法得到的全部匹配数量的比值;召回率(recall)是指正确的特征匹配数量与图像中实际存在的对应特征点数量的比值。

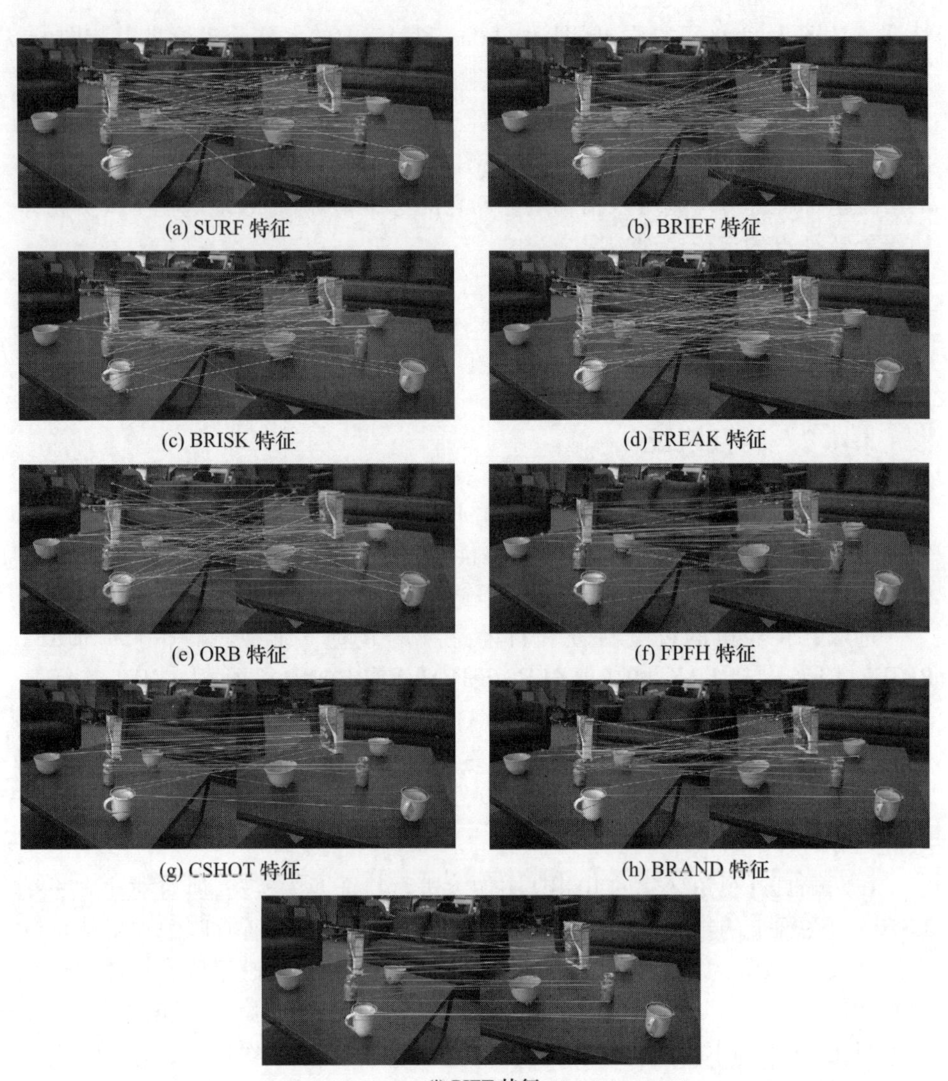

(a) SURF 特征　(b) BRIEF 特征　(c) BRISK 特征　(d) FREAK 特征　(e) ORB 特征　(f) FPFH 特征　(g) CSHOT 特征　(h) BRAND 特征　(i) PIFT 特征

图 3.12　SURF 特征、BRIEF 特征、BRISK 特征、FREAK 特征、ORB 特征、FPFH 特征、CSHOT 特征、BRAND 特征和 PIFT 特征在同一组图像上对同一组特征角点的特征匹配实验结果(图中显示的是没有经过 RANSAC 或一致性检验的原始匹配结果)

表 3.1　不同特征提取方法的精确率和召回率对比(精确率/召回率)

特征	SURF	BRIEF	BRISK	FREAK	ORB	FPFH	CSHOT	BRAND	PIFT
实验 1:	0.16/0.32	0.28/0.56	0.07/0.12	0.02/0.05	0.05/0.08	0.19/0.26	0.15/0.29	0.26/0.53	0.42/0.44

续表

特征	SURF	BRIEF	BRISK	FREAK	ORB	FPFH	CSHOT	BRAND	PIFT
实验 2:	0. 04/ 0. 11	0. 14/ 0. 32	0. 02/ 0. 05	0. 00/ 0. 00	0. 00/ 0. 00	0. 23/ 0. 48	0. 21/ 0. 58	0. 08/ 0. 25	0. 36/ 0. 42
实验 3:	0. 02/ 0. 05	0. 13/ 0. 32	0. 02/ 0. 05	0. 02/ 0. 05	0. 05/ 0. 11	0. 24/ 0. 48	0. 14/ 0. 29	0. 11/ 0. 24	0. 30/ 0. 32
实验 4:	0. 26/ 0. 52	0. 39/ 0. 81	0. 12/ 0. 24	0. 00/ 0. 00	0. 08/ 0. 14	0. 14/ 0. 17	0. 09/ 0. 18	0. 34/ 0. 65	0. 32/ 0. 38
实验 5:	0. 20/ 0. 38	0. 53/ 0. 79	0. 10/ 0. 17	0. 00/ 0. 00	0. 04/ 0. 07	0. 21/ 0. 33	0. 11/ 0. 19	0. 23/ 0. 33	0. 63/ 0. 59
实验 6:	0. 13/ 0. 22	0. 29/ 0. 44	0. 06/ 0. 13	0. 02/ 0. 03	0. 15/ 0. 25	0. 39/ 0. 37	0. 37/ 0. 54	0. 10/ 0. 14	0. 54/ 0. 44
实验 7:	0. 16/ 0. 21	0. 39/ 0. 53	0. 07/ 0. 09	0. 03/ 0. 05	0. 08/ 0. 12	0. 48/ 0. 60	0. 37/ 0. 44	0. 31/ 0. 35	0. 56/ 0. 53
实验 8:	0. 11/ 0. 17	0. 40/ 0. 57	0. 03/ 0. 05	0. 02/ 0. 02	0. 08/ 0. 12	0. 28/ 0. 31	0. 34/ 0. 45	0. 30/ 0. 38	0. 59/ 0. 52
实验 9:	0. 28/ 0. 43	0. 51/ 0. 75	0. 10/ 0. 15	0. 10/ 0. 16	0. 05/ 0. 08	0. 44/ 0. 52	0. 33/ 0. 48	0. 39/ 0. 50	0. 58/ 0. 34
实验 10:	0. 21/ 0. 31	0. 55/ 0. 82	0. 12/ 0. 18	0. 01/ 0. 02	0. 09/ 0. 14	0. 21/ 0. 17	0. 45/ 0. 67	0. 36/ 0. 47	0. 68/ 0. 58
实验 11:	0. 07/ 0. 22	0. 14/ 0. 35	0. 03/ 0. 09	0. 00/ 0. 00	0. 03/ 0. 09	0. 14/ 0. 35	0. 08/ 0. 27	0. 10/ 0. 27	0. 32/ 0. 30
实验 12:	0. 04/ 0. 09	0. 06/ 0. 14	0. 02/ 0. 05	0. 02/ 0. 05	0. 00/ 0. 00	0. 13/ 0. 32	0. 03/ 0. 09	0. 03/ 0. 09	0. 29/ 0. 27
实验 13:	0. 19/ 0. 55	0. 26/ 0. 65	0. 11/ 0. 30	0. 02/ 0. 06	0. 03/ 0. 10	0. 08/ 0. 18	0. 17/ 0. 37	0. 18/ 0. 37	0. 33/ 0. 40
平均	0. 14/ 0. 28	0. 31/ **0. 54**	0. 07/ 0. 13	0. 02/ 0. 04	0. 06/ 0. 10	0. 24/ 0. 35	0. 22/ 0. 37	0. 22/ 0. 35	**0. 46**/ 0. 43

表3.1中,PIFT特征提取方法具有最高的精确率和第二高的召回率。同时,本书方法在不同的实验中保持了比较一致的性能,而其他对比方法在不同的实验中所表现出来的性能差异较大,这表明本书方法具有更高的鲁棒性。PIFT特征的召回率有所降低,是因为本书方法具有伪特征点检测和滤除的功能,由于此伪特征点滤除的精确率无法达到100%,因此也会滤除一些稳定特征点,导致最终的正确匹配的数量略有降低。

以上实验中的测试图像存在较大的视角变化,场景环境在不同的视角下经过透视投影成像过程,产生了较大的图像外观变化,这是影响不同特征提取方法性能的主要因素。PIFT特征具有对透视投影变换的不变性,对于存在大视角变化的图像仍能具有较好的特征匹配性能，如图 3.12 中的啤酒罐和杯子上的特征。

任何一种特征提取方法都可能存在错误的特征匹配，因此在实际使用中可以使用 RANSAC 等方法对误匹配进行滤除。但是，如果错误的特征匹配过多，就有可能导致 RANSAC 方法无法收敛，这种现象可以在 3.4.3 节的实验中看到。

3.4.3 视角变化

本节在公开数据集中选取了几段连续图像序列，来测试算法随着视角逐渐增大的情况下的性能变化。这些连续的图像序列的第一帧图像和最后一帧图像如图 3.13 所示。

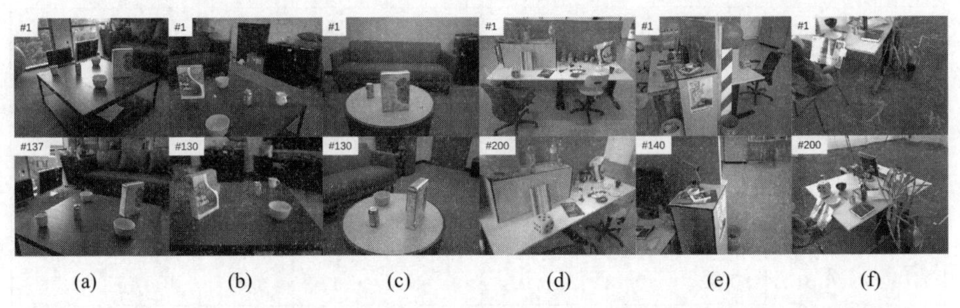

(a) (b) (c) (d) (e) (f)

图 3.13 用于实验的图像序列（上方图片为序列的第一帧；下方图片为序列的最后一帧）

这些图像是用一个手持 RGBD 相机采集的，其中图 3.13(a)~(c)图像序列来自同一个公开数据集[154]，图 3.13(d)~(f)图像序列来自另一个公开数据集[155]。随着相机的运动，图像序列中的图像对场景中的观察视角也逐渐变化。将图像序列的第一帧作为基准帧，后续图像与第一帧图像做特征匹配，通过这种实验方式，可以检验算法随着视角变化而性能变化的情况。使用 3.4.2 节中关于特征匹配的相同实验设置，计算出所有对比方法在不同视角变化下的特征匹配精确率（precision），并绘制曲线，如图 3.14 所示。

从图 3.14 中可以看出，PIFT 特征在大多数情况下都具有最高的精确率。同时，随着视角的不断增大，其他方法的精确率要比 PIFT 的精确率下降得更快，说明了 PIFT 特征相比于其他特征方法具有更强的对视角变化的鲁棒性。BRIEF 特征在本次实验中也展现出了比较好的性能，但是必须注意的是，BRIEF 特征是本实验所有特征中唯一一个不具有旋转不变性的特征，而恰巧本实验中的图像不存在图像平面内的旋转，即相机的运动不存在沿相机主光轴方向的空间旋转。此时，不具有旋转不变性的特征会比具有旋转不变性的特征具有更好的性能，这一现象的本质是由于角度归一化而导致的角度区分度下降，在文献[9]中已经做了详细分析。另外,FPFH 特征在某些图像序列中也具有非常好的性能(图 3.14(e)和(f)),但是在其他图像序列中的性能表现不佳,并且 FPFH 是一种计算复杂度高的特征提取方法。关于特征提取的计算时间消耗将在 3.4.5 节的实验中分析。

本书主要介绍视觉 SLAM 相关技术,其中视觉特征的一个重要应用就是视觉里程计的相机位姿估计,即利用特征匹配的结果,计算两帧图像之间的位姿变换关系。由于本实验所使用的数据集提供了高精度的相机位姿真值,因此可以通过分析位姿估计误差来评价特征提取方法的性能。

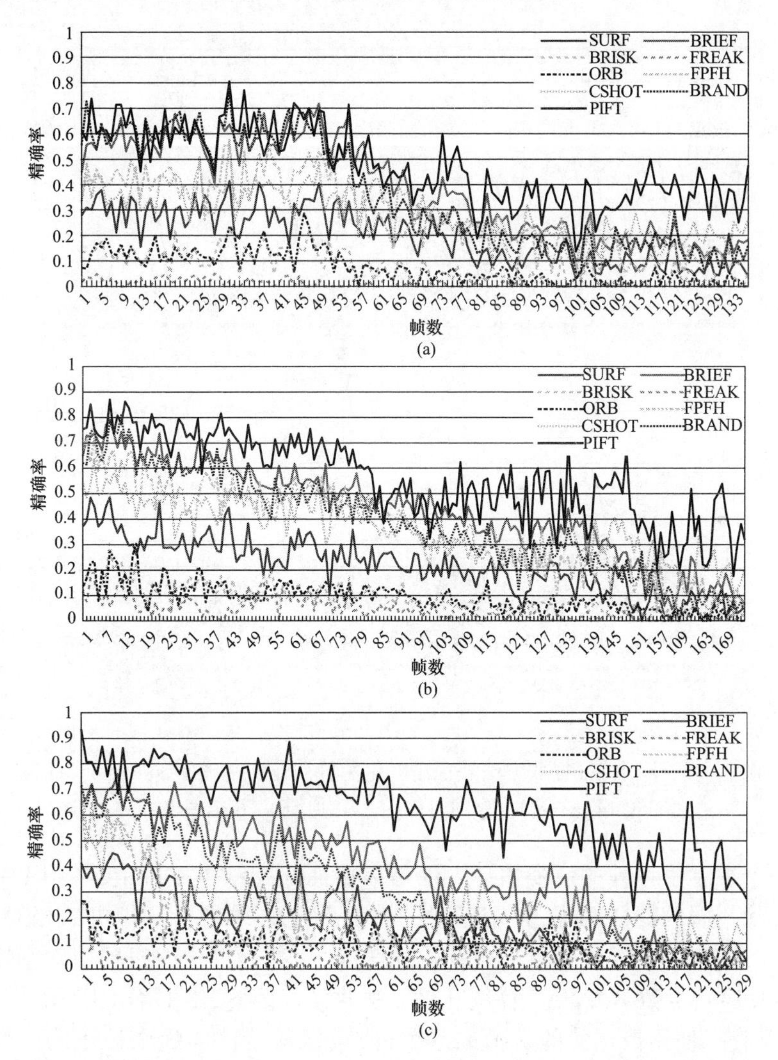

(a)

(b)

(c)

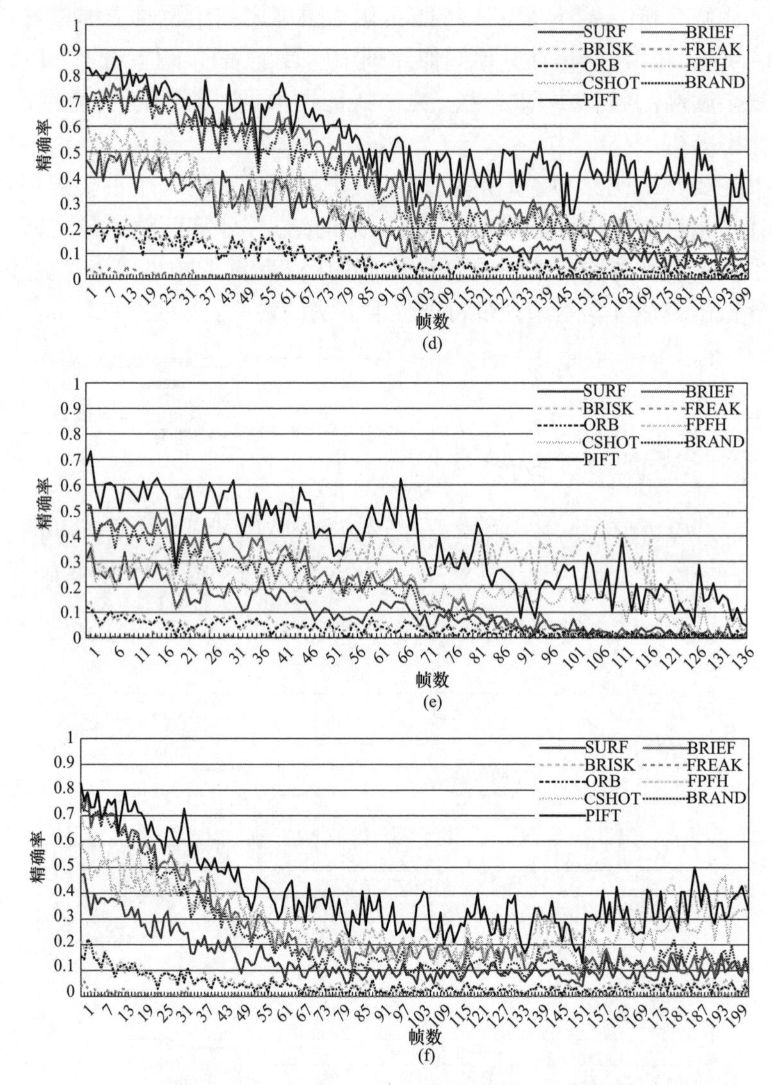

图 3. 14　不同特征提取方法随视角变化的特征匹配精确率(precision)曲线
(图 3. 14(a) ~(f) 分别对应图 3. 13 所示的 6 个图像序列)

一个视觉里程计的位姿估计方法是在特征匹配结果基础上,利用 RANSAC 算法滤除错误的特征匹配,并用正确的特征匹配结果来计算相机的相对位姿。然而,在本实验中,随着相机视角变化的增加,大部分特征的匹配精确率快速下降(图 3. 14),导致 RANSAC 算法几乎无法收敛。因此,本书不使用 RANSAC 算法,而是直接使用数据集的真值来剔除外点,保留特征匹配中的正确匹配来计算相机的位姿,这样也避免了 RANSAC 的随机性对实验结果的影响。

利用图 3.14 所示的特征匹配结果，来计算图像序列每一帧与序列第一帧之间的位姿变换，并绘制了计算结果与真值之间的位置误差，如图 3.15 所示。

图 3.15 中所绘制的误差曲线表示算法性能随视角变化而变化的情况，误差越小则性能越好。图中“Camera Trans”是开源数据集提供的相机位姿的真值，当由于特征匹配的正确率过低而导致无法正确计算出相机位姿时，则将结果设置为 0，即误差等于此时的相机位姿真值。从图 3.15 中可以看出，所有算法都能够在视角变化比较小时保持很小的误差；但是随着视角变化逐渐增大，不同的算法开始出现误差的增大，甚至出现无法正确得到计算结果的情况。本书的 PIFT 特征在视角变化较小时与其他特征性能相当，随着视角变化的增大，误差增长比较缓慢，在所有对比算法中展现出了明显的性能优势。

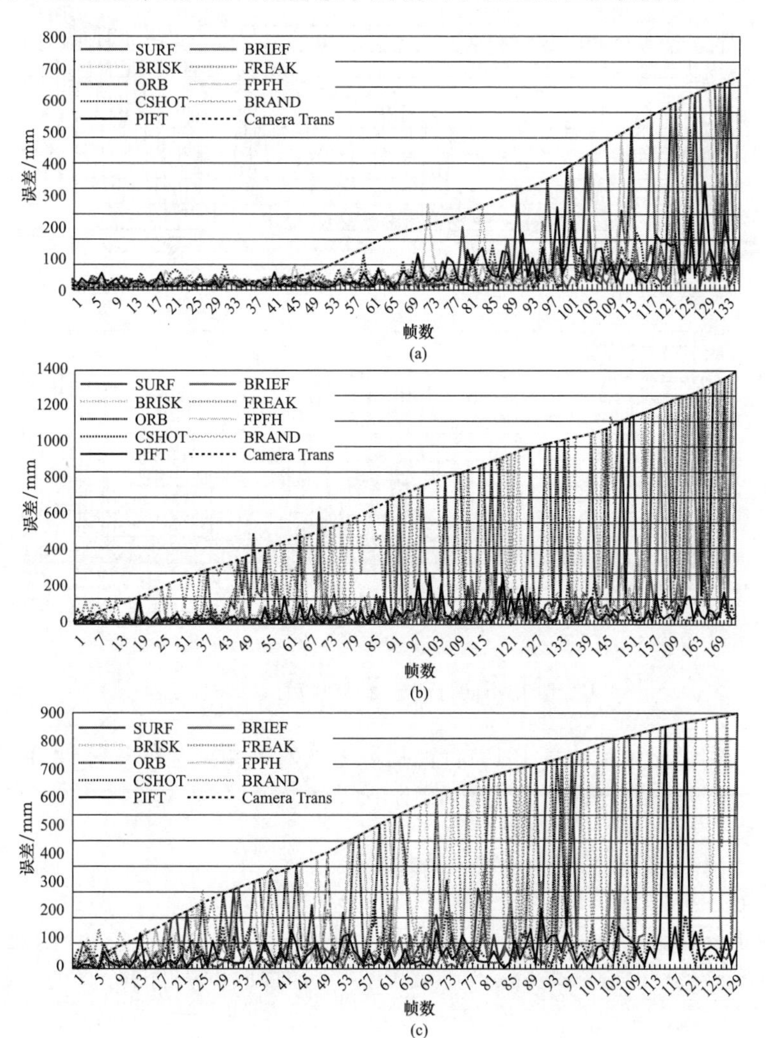

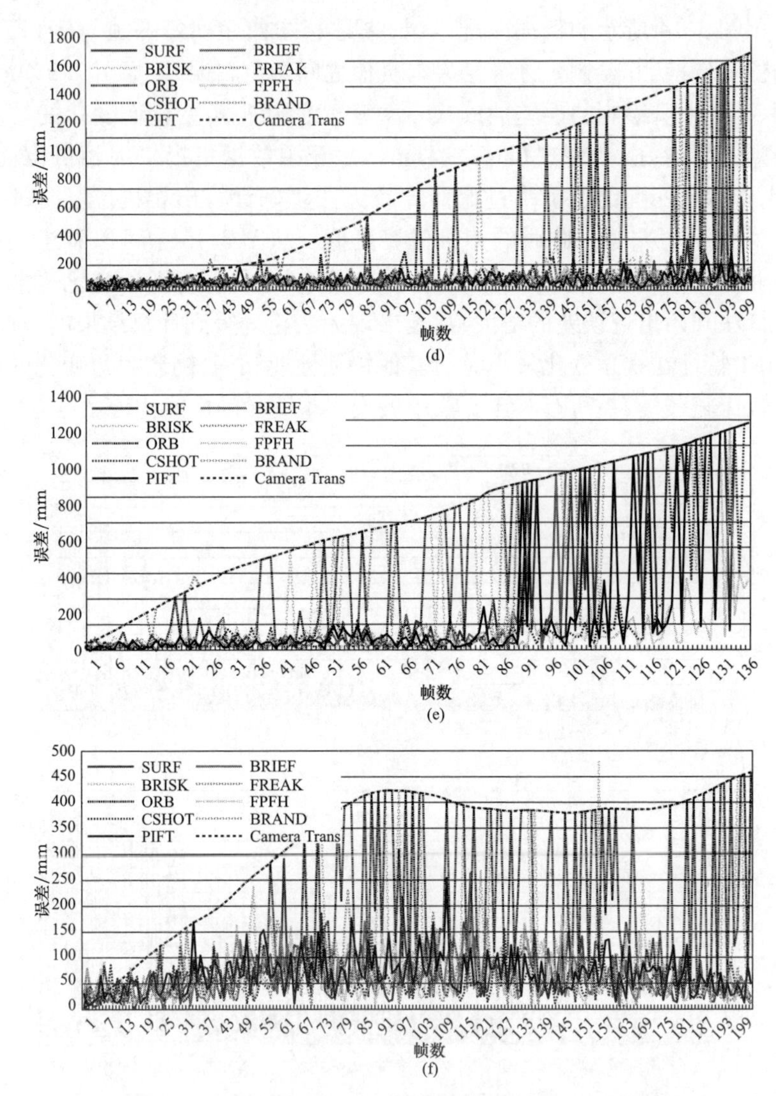

图 3.15　使用不同特征进行相机位置计算的误差曲线

以上实验充分证明了 PIFT 特征提取方法对视角变化的鲁棒性，以及 PIFT 特征对提高位姿估计精度的重要作用。

3.4.4　各功能模块的消融实验

为了分析 PIFT 特征提取方法中各功能模块对整个方法的贡献，进行了以下消融实验（ablation experiment）。将 PIFT 特征提取方法的 3 个核心功能模块：

透视投影、伪特征点滤除和颜色编码,分别从算法中移除或替换成其他方法,并进行对比实验。

透视投影模块的消融实验,是将原始特征图像片直接作为最终的特征图像片,而不经过透视投影过程;伪特征点模块的消融实验,是将伪特征点与稳定特征点一起保留,并用于之后的特征匹配;颜色编码的消融实验,则是用目前比较流行的 ORB 特征描述子提取方法代替颜色编码方法,来提取特征描述子。将以上 3 个修改过的对比方法按照 3.4.3 节所述实验条件重新进行实验,并与原始 PIFT 特征提取方法进行对比,它们在所有测试图像序列中的平均精确率和召回率如图 3.16 所示。

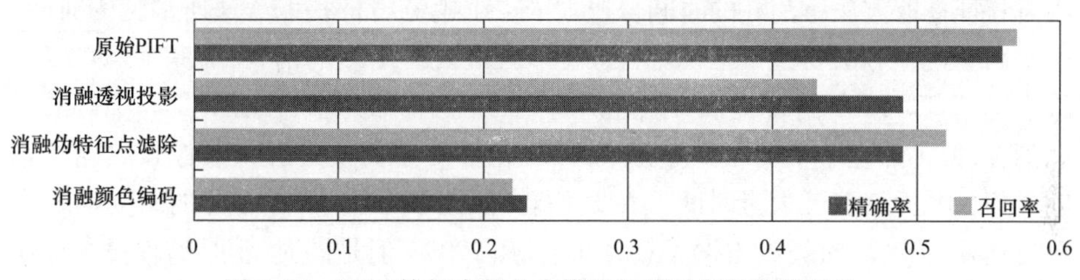

图 3.16　PIFT 特征中的 3 个模块的消融实验性能对比

从图 3.16 中可以看出,透视投影模块对整个 PIFT 特征提取方法起了很重要的作用,对透视投影过程的消融严重影响了整个算法的性能。而伪特征点滤除模块对整个算法的影响不大,但是考虑到伪特征点功能的实现是利用了透视投影等操作的结果,而不需要过多的额外计算消耗,因此伪特征点滤除功能的实现仍然是十分有意义的。最后,将颜色编码方法替换成 ORB 特征描述子的提取方法会使整个算法的性能严重下降,这是因为经过透视投影后得到的特征图像片存在严重的非稠密现象,而包括 ORB 在内的其他特征描述子提取方法无法处理此类问题。这说明了颜色编码方法对于处理此类非稠密的特征图像片是十分有效的。

3.4.5　实时性能分析

为了验证 PIFT 特征提取方法的实时性能,将 3.4.3 节所进行的实验中各个对比方法的时间消耗进行了记录,并计算出每种方法平均每提取一个特征描述子所需要的时间消耗,如图 3.17 所示。值得指出的是,每种方法的特征提取过程都是单线程处理,没有进行多线程加速,以保证实验结果的可比较性。

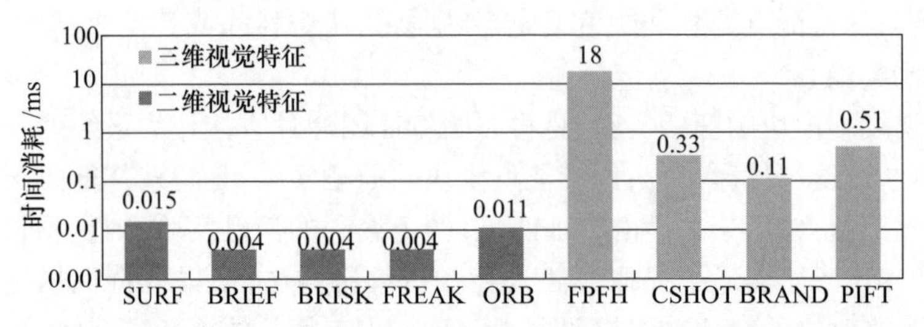

图 3.17　每种特征提取方法平均每提取一个特征描述子所需要的时间消耗

从图 3.17 中可以看出,包括 FPFH、CSHOT、BRAND 和 PIFT 在内的所有三维视觉特征提取方法所消耗的时间普遍大于二维视觉特征提取方法所消耗的时间,这是因为这些方法要比二维视觉特征提取方法处理更多的信息,即深度信息或三维坐标信息。PIFT 特征提取方法在所有三维视觉特征提取方法中具有中等的时间消耗,但仍然远小于 FPFH 特征。FPFH 特征由于需要处理大量像素之间的空间几何关系而耗费了大量时间。在 PIFT 特征提取方法中,最主要的时间消耗来源是透视投影操作,大约占据了总时间消耗的 70%,但是同时,正是透视投影操作决定了 PIFT 特征对透视投影的不变性,使其对大视角变化具有很强的鲁棒性。

3.5　小结

本章首先分析了 RGBD 图像的特点,以及 RGBD 特征提取的难点,包括图像非稠密问题、伪特征点问题和透视投影问题。针对这些难点,介绍了一种新的用于 RGBD 图像的透视不变特征——PIFT 特征。

PIFT 特征提取方法主要包含以下 4 个方面的工作:利用透视投影变换实现了透视不变特征图像片的提取,解决了特征随视角变化而不鲁棒的问题;利用透视投影过程中的空间信息,实现了对深度信息少量缺失的特征点与前景和背景交界处的特征点的三维坐标的精确计算,解决了特征点坐标因深度测量噪声而错误地映射到背景上的问题;利用透视投影过程中的空间和颜色信息,设计了一种伪特征点滤除方法,实现了对伪特征点的检测与滤除;设计了一种高效的二进制颜色编码方法,实现了对特征描述子的提取,所提取的特征描述子具有较强的图像彩色信息表达能力,并解决了对稠密图像难以提取特征的问题。

最后进行了实验对比,在两个开源的 RGBD 数据集上与其他特征提取方法一起进行了实验测试,证明了 PIFT 特征提取方法能够有效检测和滤除伪特征点,能够实现对特征点三维坐标的精确计算,并且对视角变化具有较强的鲁棒性,有助于提高对位姿估计的精度,具有较好的实时性能。

第4章　基于混合信息残差的三维视觉里程计

视觉里程计就是使用视觉信息实现机器人增量式位姿估计的方法，是SLAM问题中实现定位的最核心工作。视觉里程计根据相机观测到的环境特征信息与机器人自身存储的地图信息来估计自身的位置和姿态，实现连续的增量式的机器人定位功能。本章的视觉里程计与视觉特征提取（第3章）被称为视觉SLAM系统的前端。与之相对应的，SLAM系统的后端则是闭环检测（第5章）和建图（第6章）。

由于三维视觉提供了比传统二维视觉更丰富的信息，因此研究如何将三维视觉的多种信息结合起来以提高定位的精度和鲁棒性是一个十分有意义的研究内容。

本章介绍了一种新的基于混合信息残差的RGBD视觉里程计方法：HRVO（hybrid-residual-based visual odometry）。将RGBD图像中的特征点信息、光度学信息和深度信息相结合，设计了混合残差优化模型。在高斯牛顿优化框架下，推导了非线性优化的求解公式，并在求解过程中分阶段地使用了鲁棒核函数和外点滤除，来增强迭代过程的鲁棒性和保证结果的最优性。最后，设计了对比实验来进行视觉里程计的性能检验。

本章首先在4.1节介绍并对比了目前的视觉里程计方法所使用的信息类型，并简要阐述了本章采用的技术方法。在4.2节介绍了一种混合残差优化模型，同时将特征点信息、光度学信息和深度信息联合用于相机位姿的优化求解，实现了多信息残差的融合。然后在4.3节推导了混合残差优化模型的求解方法，基于高斯牛顿非线性优化框架推导了迭代优化求解公式，并分阶段地使用了鲁棒核函数和外点滤除策略来增强迭代的鲁棒性和保证结果的最优性。在4.4节详细介绍了特征点信息、光度学信息和深度信息所对应的路标点提取方法，设计了基于显著性的自适应阈值方法，提取数量稳定且显著性明显的路标点。在4.5节进行了实验，验证了混合残差视觉里程计的性能。最后在4.6节对本章进行简要总结。

4.1 视觉里程计中的信息残差类型

根据视觉里程计中优化目标残差的信息类型的不同，目前的视觉里程计和SLAM方法可以分为两种：一种是基于重投影残差的方法；另一种是基于光度学残差的方法。

基于重投影残差的方法首先需要在图像中提取角点特征，并利用特征匹配来获得地图中特征点与当前图像特征点之间的一一映射关系。然后利用特征点之间的映射关系来计算当前相机的位姿。正是由于这类方法依赖于特征匹配操作，因此也被称为特征点法或间接法。特征点之间的一一对应关系除了可以通过特征点匹配来实现[53,55,82,95]，还可以使用特征点跟踪等其他方法[44]。所谓基于重投影残差的方法，是指地图中的特征点经过透视投影过程，映射到图像上，会得到一个投影点坐标；同时图像中经过特征检测和特征匹配过程，也会有一个与地图特征点一一对应的图像特征点；图像特征点与地图特征点投影之间存在一个像素误差，称为重投影误差。由于投影点坐标与相机的位姿有关，因此这个像素误差也与相机的位姿有关；通过优化相机位姿，使这个像素误差达到最小，这个过程称为最小化重投影残差。重投影残差表示了一种几何约束关系，因此也可以称为几何残差，以区分光度学残差的概念。

基于光度学残差的方法不需要对图像进行特征提取和特征匹配的操作，因此基于光度学残差的方法也称为直接法。这种方法需要从图像中选取大量像素点作为路标点，将它们的三维坐标连同像素亮度值一起保存在三维地图中。根据所使用像素点的多少，可以分为稠密法[37]和稀疏法[36,38]。其中，相比于更加稀疏的非直接法，稀疏法也可以称为半稠密法。使用该方法计算当前时刻相机的位姿时，需要将地图中的大量像素路标点投影到当前图像中，根据投影的像素坐标可以检索到图像上的对应像素亮度值；该投影像素亮度值与地图中存储的路标点亮度值之间存在着亮度偏差，称为光度学误差；与间接法中的重投影误差类似，直接法的光度学误差也是与相机位姿有关的；通过优化相机位姿，使这个光度学误差达到最小，这个过程则称为最小化光度学残差。

最小化重投影残差和最小化光度学残差的位姿求解的数学模型十分相似，都可以转化为集束调整问题来建模和求解。基于重投影残差的方法所使用的特征点的数量受限于图像中可以提取的稳定特征点的数量，一般数量比较稀疏。但是利用特征匹配结果可以实现地图中特征点与图像中特征点之间的一一对应关系，具有很强的几何约束能力，可以有效避免相机位姿的迭代求解收敛到局部最优值，从而保证了视觉里程计的鲁棒性。其较少的特征点数量意味着位姿优化求解过程的计算量较低,但是同时,特征描述子的提取和特征匹配需要额外的计算量。基于光度学残差的方法可以使用大量的像素点来计算相机的位姿,因此它对相机位姿的计算精度较高,计算量也更大。由于没有特征匹配的过程,地图中的路标点像素与图像中的像素不存在一一对应关系,导致相机位姿的迭代求解有可能会收敛到局部极值,得到错误的位姿估计。当相机运动速度较快或图像帧率较低时这个问题尤为严重,会降低整个视觉里程计系统的鲁棒性。

正是由于基于重投影残差的方法和基于光度学残差的方法之间具有上述鲁棒性与精度上的优势互补性,因此将这两种方法结合起来实现视觉里程计是一个十分有意义的研究内容。Silva 等[156]将稠密光流法与稀疏特征点法相结合,利用稠密像素来求解对极几何问题,利用稀疏特征点来计算地图特征点的精确深度值。Forster 等[41]提出了一种半稠密视觉里程计方法,将特征点法与直接法结合起来。首先利用半稠密的光度学像素点粗略估计相机位姿;然后用该位姿来滤除特征点的错误匹配;最后用提纯后的特征匹配结果实现高精度的位姿估计。Krombach 等[42]提出了一种并行化方法来结合特征点法和直接法。其中一个线程用来实时运行特征点法,实现相机位姿的估计;另一个线程在低帧率下运行,利用稠密的直接法来生成稠密地图。其中前一个线程的相机位姿估计结果也可以用作后一个线程位姿估计的初始值。

由于 RGBD 相机提供了除彩色信息之外的深度信息,因此使用 RGBD 相机进行视觉里程计的研究时还应考虑对深度信息的使用。RGBD 图像中的深度信息为每个像素提供了高精度的空间位置测量结果,这无论是对特征点法还是对直接法都可以直接用于稠密地图构建;并且对于地图中的路标点,无论是特征点路标还是光度学像素路标,都可以利用单帧 RGBD 图像提供精确的初始坐标,从而避免了单目视觉里程计中烦琐的初始化过程。更重要的是,RGBD 图像的深度信息为视觉里程计提供了真实的尺度信息,从而避免了单目视觉里程计中的尺度不确定性问题。

Stückler 等[157]在 RGBD 图像中同时利用彩色信息和深度信息进行区域分割,并提取面元作为地图路标点,利用面元的形状纹理特征进行特征匹配,将特征点法中的重投影残差扩展为面元的形状纹理残差,并用于位姿估计。之后,Stückler 等[158]对这一方法又进行了进一步改进,将面元特征与角点特征相结合用于 RGBD 视觉里程计,提高了定位的精度。

将以上所述的各种方法与本书方法按照使用的信息类型进行总结分类,如表 4.1 所示。表中“联合优化”一项是为了区分不同方法对多种信息结合使用的不同方式。联合优化是指将多种信息联合用于位姿优化,否则是分开用于算法的不同阶段。

表 4.1　各种位姿优化方法按照其所使用的信息类型的分类

相关工作	特征	光度学	深度	联合优化
文献[44,53,55,82,95,157]	√			
文献[36-38]		√		
文献[41-42,156]	√	√		
文献[158]	√			√
本书方法	√	√	√	√

从表 4.1 中可以看出,目前的位姿优化方法利用信息的种类不超过两种,并且对多信息的结合使用也相对简单,较少有使用联合优化框架来进行位姿估计。本书受 RGBD 图像中彩色信息和深度信息之间存在互补性的启发,以及受重投影残差法和光度学残差法之间的鲁棒性与精度存在互补性的启发,介绍了一种联合优化框架下的混合信息残差 RGBD 视觉里程计。

重投影残差、光度学残差和深度残差具有高度互补性,如基于重投影残差的视觉里程计具有最好的鲁棒性,但其定位精度受限于视觉特征点的稀疏性;基于光度学残差的视觉里程计具有最高的定位精度;基于重投影残差的视觉里程计和基于光度学残差的视觉里程计均难以适用于低纹理的环境,此时深度成为主要的可靠信息,可用于实现位姿估计。本节介绍一种基于上述 3 种信息混合残差的 RGBD 视觉里程计方法:HRVO(hybrid-residual-based visual odometry),以同时提高视觉里程计的精度和鲁棒性。HRVO 视觉里程计框架如图 4.1 所示。

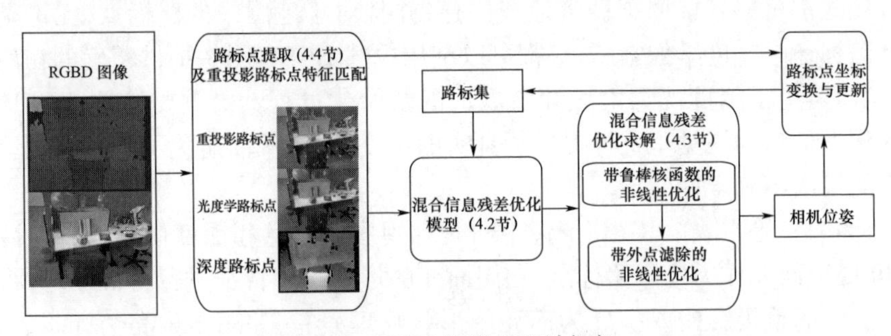

图 4.1　HRVO 视觉里程计框架

3 种不同信息的路标点可以同时从 RGBD 图像中进行选取,其中角点特征需要与地图中的角点特征路标点进行特征匹配形成一一对应关系,光度学像素路标点和深度像素路标点则不需要进行匹配操作。其中特征点的提取可以使用任何一种角点特征提取方法;对于光度学路标点和深度路标点的选取,本书设计了基于显著性的自适应阈值提取方法。然后分别计算 3 种路标点的重投影残差、光度学残差和深度残差,代入混合残差优化模型,利用非线性优化方法进行机器人位姿的最优估计,并在求解过程中分阶段地使用鲁棒核函数和外点滤除,来增强迭代的鲁棒性和保证结果的最优性。最后利用位姿估计结果将当前图像中的路标点更新到地图中,完成一次视觉里程计的增量计算。

4.2　混合残差优化模型

本节将在高斯概率模型框架下,介绍如何将上述3种信息类型的残差结合起来,在一个统一的框架下求解相机位姿的最优化估计。

4.2.1　相机位姿概率优化模型

从概率理论角度来看,相机位姿的估计可以看作是一种极大似然估计(maximum likelihood estimate,MLE)或极大后验估计(maximum a posteriori estimate,MAP)。一个通用的概率模型如式(4.1)所示。

$$\begin{aligned}\arg\max_{\boldsymbol{\xi}} L(\boldsymbol{\xi}) &= \arg\max_{\boldsymbol{\xi}} p(\boldsymbol{\xi} \mid (x_{o1},\boldsymbol{x}_{w1}),\cdots,(x_{oN},\boldsymbol{x}_{wN})) \\ &= \arg\max_{\boldsymbol{\xi}} \prod_{j=1}^{N} p(\boldsymbol{\xi} \mid (x_{oj},\boldsymbol{x}_{wj})) \\ &= \arg\max_{\boldsymbol{\xi}} \prod_{j=1}^{N} p((x_{oj},\boldsymbol{x}_{wj}) \mid \boldsymbol{\xi}) p(\boldsymbol{\xi})\end{aligned} \tag{4.1}$$

式中:$\arg\max_{\boldsymbol{\xi}} L(\boldsymbol{\xi})$ 为 $\boldsymbol{\xi}$ 的极大后验估计;$p((x_{oj},\boldsymbol{x}_{wj}) \mid \boldsymbol{\xi})$ 为极大似然概率;$p(\boldsymbol{\xi})$ 为 $\boldsymbol{\xi}$ 的先验概率。

$\boldsymbol{\xi}$ 表示当前图像所对应的六自由度相机位姿,可以表示为

$$\boldsymbol{\xi} = [\phi_x \quad \phi_y \quad \phi_z \quad t_x \quad t_y \quad t_z]^{\mathrm{T}} = \begin{bmatrix}\boldsymbol{\phi} \\ \boldsymbol{t}\end{bmatrix} \tag{4.2}$$

式中:$\boldsymbol{\phi} \in \mathfrak{so}(3)$ 表示旋转变换的李代数;$\boldsymbol{t} \in \mathbb{R}^3$ 表示平移变换。值得注意的是,此处的 $\boldsymbol{\xi}$ 并不属于特殊欧氏群的李代数 $\mathfrak{se}(3)$,如果将其表示成 $\mathfrak{se}(3)$ 的形式,就是 $[\boldsymbol{\phi}, \boldsymbol{J}_l^{-1} \times \exp(\boldsymbol{\phi}^{\wedge}) \times \boldsymbol{t}]$,为了后续计算方便,将其简写成式(4.2)的形式。

在式(4.1)中,$\boldsymbol{x}_{wj}$ 为地图中第 j 个路标点的世界三维坐标;x_{oj} 为其在图像中的对应观测值,它是与当前的相机位姿有关的变量;N 为所有观测到的地图中路标点的数量。需要注意的是,不同信息的路标点的观测值类型也不同,如角点特征路标点的观测值是一个像素坐标,光度学像素路标点的观测值则是图像中的一个像素亮度。在此处不对它们进行区分,统一写成 x_{oj} 的形式。

先验概率 $p(\boldsymbol{\xi})$ 也被称为先验信息,它表征了根据相机运动模型或其他外部信息对当前相机位姿的一个预先的估计结果。当先验信息已知时,如已知相机运动模型,或者有其他传感器信息的输入(如惯导),此时使用极大后验概率模型求解[159];如果没有先验信息,即相机的当前位姿仅依赖于对地图路标的观测结果,此时使用极大似然概率模型求解,而忽略式(4.1)中的 $p(\boldsymbol{\xi})$ 项的约束。此时式(4.1)可以写成以下形式。

$$\arg\max_{\xi} L(\boldsymbol{\xi}) = \arg\max_{\xi} \prod_{j=1}^{N} p((x_{oj}, \boldsymbol{x}_{wj}) \mid \boldsymbol{\xi}) \tag{4.3}$$

式(4.3)即为相机位姿估计的极大似然概率模型,也是目前大部分视觉里程计所使用的计算模型。本书主要介绍 RGBD 相机中混合信息残差联合用于位姿估计的方法,不考虑相机运动模型或外部其他传感的先验信息约束,因此使用式(4.3)所示的极大似然概率模型,但是相关结论也可以相应地推广到极大后验概率模型中。

对于极大似然概率 $p((x_{oj}, \boldsymbol{x}_{wj}) \mid \boldsymbol{\xi})$,假设观测值 x_{oj} 的观测误差符合高斯噪声模型,即

$$x_{oj} \sim \mathcal{N}(x_{wj}, \sigma_j^2)\,(j=1,2,\cdots,N) \tag{4.4}$$

式中:x_{wj} 为第 j 个路标点的真实值,与观测值类似,真实值的类型也与路标点的类型有关,但是与相机位姿无关。例如,角点特征路标点的真实值为像素坐标,是在图像中检测到的实际特征点坐标;光度学路标点的真实值为像素亮度,是保存在地图中的路标点亮度。

对路标点的观测过程分为两步:首先将路标点的世界三维坐标 $\boldsymbol{x}_{wj}$ 投影到图像上,投影计算过程如式(2.10)所示,并将投影后的像素坐标记作 $[u_{oj} \quad v_{oj}]^{\mathrm{T}}$;然后利用该像素投影坐标,可以在图像中的对应像素位置获取其在图像中的观测值。最后计算真实值与观测值之间的误差,即观测误差,记作 $e(x_{oj}, x_{wj})$。

在式(4.4)所示的高斯模型假设下,观测误差也满足高斯模型:$e(x_{oj}, x_{wj}) \sim \mathcal{N}(0, \sigma_j^2)$。根据高斯误差模型下的概率分布函数形式,可以将式(4.3)写为

$$\begin{aligned}
\arg\max_{\xi} p((x_{oj}, \boldsymbol{x}_{wj}) \mid \boldsymbol{\xi}) &= \arg\max_{\xi} \prod_{j=1}^{N} \frac{1}{\sigma_j \sqrt{2\pi}} \exp\left(-\frac{e(x_{oj}, x_{wj})^2}{2\sigma_j^2}\right) \\
&= \arg\max_{\xi} \ln\left\{\prod_{j=1}^{N} \frac{1}{\sigma_j \sqrt{2\pi}} \exp\left(-\frac{e(x_{oj}, x_{wj})^2}{2\sigma_j^2}\right)\right\} \\
&= \arg\min_{\xi} \sum_{j=1}^{N} \frac{e(x_{oj}, x_{wj})^2}{\sigma_j^2}
\end{aligned} \tag{4.5}$$

式中：$\dfrac{e(x_{oj},x_{wj})^2}{\sigma_j^2}$为标准化观测残差，满足标准正态分布。如前文所述，残差的类型可能有不同的形式，当计算角点特征的重投影残差时，需要计算两个像素坐标之间的欧式距离；当计算光度学残差时，则为两个像素亮度值之差。σ_j^2 是观测过程的噪声方差，通常需要根据观测值的样本分布情况进行在线的估计；$\dfrac{1}{\sigma_j^2}$则表示了对应残差在优化模型中的一种权重。

本节使用 3 种类型的信息残差进行联合优化，即 $e(x_{oj},x_{wj})$有 3 种形式，将在 4.2.2 节详细介绍。

4.2.2　混合残差模型

不同信息残差的计算方法也不同，这是由路标点本身的信息表示形式所决定的。本节将三种不同类型的信息残差引入到同一个位姿优化框架下，分别是重投影残差、光度学残差和深度残差。

式(4.5)给出了一种通用类型信息残差的位姿优化模型，将其中的通用残差表示形式 $e(x_{oj},x_{wj})$拆分成三类：重投影残差 e_{rep} 、光度学残差 e_{pho} 和深度残差 e_{dep} ，假设这三类路标点的数量分别为 N_{rep} 、N_{pho} 和 N_{dep} ，则式(4.5)中的优化目标函数可以重写为

$$\begin{aligned} E(\boldsymbol{\xi}) &:= \sum_{j=1}^{N}\frac{e(x_{oj},x_{wj})^2}{\sigma_j^2} \\ &= \sum_{j=1}^{N_{\text{rep}}}\frac{e_{\text{rep},j}^2}{\sigma_{\text{rep},j}^2}+\sum_{j=1}^{N_{\text{pho}}}\frac{e_{\text{pho},j}^2}{\sigma_{\text{pho},j}^2}+\sum_{j=1}^{N_{\text{dep}}}\frac{e_{\text{dep},j}^2}{\sigma_{\text{dep},j}^2} \\ &:= \|\boldsymbol{e}_{\text{rep}}\|_{\boldsymbol{W}_{\text{rep}}}^2+\|\boldsymbol{e}_{\text{pho}}\|_{\boldsymbol{W}_{\text{pho}}}^2+\|\boldsymbol{e}_{\text{dep}}\|_{\boldsymbol{W}_{\text{dep}}}^2 \end{aligned} \tag{4.6}$$

式中：$\boldsymbol{e}_{\text{rep}}$ 、$\boldsymbol{e}_{\text{pho}}$ 和 $\boldsymbol{e}_{\text{dep}}$ 分别为向量形式的三类残差，其维数分别为 N_{rep} 、N_{pho} 和 N_{dep} ；$\boldsymbol{W}_{\text{rep}}$ 、$\boldsymbol{W}_{\text{pho}}$ 和 $\boldsymbol{W}_{\text{dep}}$ 为对角矩阵，表示残差的权重，其对角元素分别为 $\sigma_{\text{rep},j}^{-2}$、$\sigma_{\text{pho},j}^{-2}$ 和 $\sigma_{\text{dep},j}^{-2}$ 。

在重投影残差计算模型中，观测值和真实值都是像素坐标，重投影残差表示为像素之间的距离，即

$$e_{\text{rep},j} = \|[u_{oj}\ v_{oj}]^{\mathrm{T}} - [u_{wj},v_{wj}]^{\mathrm{T}}\| \quad (j=1,2,\cdots,N_{\text{rep}}) \tag{4.7}$$

式中：$[u_{oj}\ v_{oj}]^{\mathrm{T}}$ 为与相机位姿有关的观测像素坐标；$[u_{wj},v_{wj}]^{\mathrm{T}}$ 为与相机位姿无关的路标在图像中的真实坐标，是通过特征提取和特征匹配操作所确定的。

在光度学残差计算模型中，观测值和真实值都是像素的亮度值，光度学残差即为它们之差，即

$$e_{\text{pho},j}=\text{Intensity}([u_{oj}\ v_{oj}]^{\mathrm{T}})-\text{Intensity}(\boldsymbol{x}_{wj})\quad (j=1,2,\cdots,N_{\text{pho}})\tag{4.8}$$

式中：$\text{Intensity}(\boldsymbol{x}_{wj})$为地图中存储的光度学路标点的亮度值，它是与相机位姿无关的真实值；$\text{Intensity}([u_{oj}\ v_{oj}]^{\mathrm{T}})$为图像中$[u_{oj}\ v_{oj}]$像素的亮度值，是与当前相机位姿有关的对路标点的观测值。

在深度残差计算模型中，不能直接将观测深度值与真实深度值相减。在4.2.1节中的优化模型推导过程中，要求对路标的观测值满足高斯误差模型，然而对于RGBD相机而言，深度测量值并不满足高斯噪声模型。例如，双目立体视觉系统而言，由于深度测量值与像素左右视差成反比，如式(2.3)所示，而图像的像素误差一般认为满足高斯噪声模型，因此双目立体视觉系统的深度测量值的倒数是满足高斯噪声模型的。基于结构光技术和基于ToF技术的RGBD相机也具有与双目立体视觉相似的结论[160-163]，因此本节使用深度值的倒数，即逆深度值来计算残差表示如下：

$$e_{\text{dep},j}=\text{invDepth}([u_{oj}\ v_{oj}]^{\mathrm{T}})-\text{invDepth}(\boldsymbol{x}_{wj})\ (j=1,2,\cdots,N_{\text{dep}})\tag{4.9}$$

与光度学残差类似，式中的$\text{invDepth}([u_{oj}\ v_{oj}]^{\mathrm{T}})$为图像中$[u_{oj}\ v_{oj}]$像素的逆深度值，是与当前相机位姿有关的对路标点的观测值；$\text{invDepth}(\boldsymbol{x}_{wj})$为地图中存储的深度路标点的当前逆深度值，但是与光度学残差不同的是，它是与相机位姿有关的，必须根据当前相机位姿进行计算。地图中存储的深度路标点在当前相机位姿下的逆深度值即为路标点在相机坐标系下三维坐标的z坐标的倒数，即

$$\begin{bmatrix}x_c\\y_c\\z_c\end{bmatrix}=\exp(\boldsymbol{\phi}^{\wedge})\begin{bmatrix}x_w\\y_w\\z_w\end{bmatrix}+\boldsymbol{t},\ \text{invDepth}(x_{wj})=\frac{1}{z_c}\tag{4.10}$$

以上3种类型的信息残差的计算方式各不相同，在使用混合残差进行相机位姿的最优化求解的过程中需要分别计算。因为在相机位姿的最优化求解过程中需要计算每个残差对相机位姿的导数，所以需要特别注意参与残差计算的各个变量是否与相机位姿相关。具体的位姿优化求解过程将在4.3节详细推导。

4.3 非线性优化求解

相机位姿的极大似然概率估计过程即为对式(4.6)所示的优化目标函数$E(\boldsymbol{\xi})$的最小化过程，当且仅当相机位姿取得最优值时，$E(\boldsymbol{\xi})$取得极小值。

如式(4.7)所示,重投影残差是两个像素坐标点的距离,与其他两种类型的信息残差计算方式明显不同。为了后续求解方便,本节首先将重投影残差进行整理,分解为两部分。

$$\begin{aligned} e_{\text{rep},j} &= \left\| \begin{bmatrix} u_{oj} \\ v_{oj} \end{bmatrix} - \begin{bmatrix} u_{wj} \\ v_{wj} \end{bmatrix} \right\| \\ &:= \left\| \begin{bmatrix} e_{uj} \\ e_{vj} \end{bmatrix} \right\| \quad (j=1,2,\cdots,N_{\text{rep}}) \end{aligned} \tag{4.11}$$

因此 $e_{\text{rep},j}^2 = e_{uj}^2 + e_{vj}^2$,将其代入优化目标函数公式(式(4.6)),并整理成如下矩阵形式:

$$\begin{aligned} E(\boldsymbol{\xi}) &= \begin{bmatrix} \boldsymbol{e}_u \\ \boldsymbol{e}_v \\ \boldsymbol{e}_{\text{pho}} \\ \boldsymbol{e}_{\text{dep}} \end{bmatrix}^{\text{T}} \begin{bmatrix} \boldsymbol{W}_{\text{rep}} & & & \\ & \boldsymbol{W}_{\text{rep}} & & \\ & & \boldsymbol{W}_{\text{pho}} & \\ & & & \boldsymbol{W}_{\text{dep}} \end{bmatrix} \begin{bmatrix} \boldsymbol{e}_u \\ \boldsymbol{e}_v \\ \boldsymbol{e}_{\text{pho}} \\ \boldsymbol{e}_{\text{dep}} \end{bmatrix} \\ &:= \boldsymbol{e}^{\text{T}} \boldsymbol{W} \boldsymbol{e} \end{aligned} \tag{4.12}$$

式中: $\boldsymbol{e}$ 为混合残差; $\boldsymbol{W}$ 为混合残差的权重矩阵或信息矩阵,它是一个对角矩阵。

根据 2.4.1 节所述的高斯牛顿迭代优化求解方法,对 $E(\boldsymbol{\xi}) = \boldsymbol{e}^{\text{T}}\boldsymbol{W}\boldsymbol{e}$ 进行最小化求解的关键是计算混合残差 $\boldsymbol{e}$ 对相机位姿 $\boldsymbol{\xi}$ 的导数,即雅可比矩阵 $\boldsymbol{J}$ 。

$$\boldsymbol{J} = \partial \boldsymbol{e} / \partial \boldsymbol{\xi}^{\text{T}} \tag{4.13}$$

当已知雅可比矩阵 $\boldsymbol{J}$ 时,即可以利用高斯牛顿迭代计算最优的相机位姿 $\boldsymbol{\xi}$ 。根据式(2.27)可知,相机位姿的迭代增量为

$$\Delta\boldsymbol{\xi} = -(\boldsymbol{J}^{\text{T}}\boldsymbol{W}\boldsymbol{J})^{-1}\boldsymbol{J}^{\text{T}}\boldsymbol{W}\boldsymbol{e} \tag{4.14}$$

为了推导雅可比矩阵 $\boldsymbol{J}$ 的形式,根据混合残差 $\boldsymbol{e}$ 的形式,可将其雅可比矩阵分解成如下形式。

$$\boldsymbol{J} = \frac{\partial \boldsymbol{e}}{\partial \boldsymbol{\xi}^{\text{T}}} = \begin{bmatrix} \dfrac{\partial \boldsymbol{e}_u}{\partial \boldsymbol{\xi}^{\text{T}}} \\ \dfrac{\partial \boldsymbol{e}_v}{\partial \boldsymbol{\xi}^{\text{T}}} \\ \dfrac{\partial \boldsymbol{e}_{\text{pho}}}{\partial \boldsymbol{\xi}^{\text{T}}} \\ \dfrac{\partial \boldsymbol{e}_{\text{dep}}}{\partial \boldsymbol{\xi}^{\text{T}}} \end{bmatrix} = \begin{bmatrix} \boldsymbol{J}_u \\ \boldsymbol{J}_v \\ \boldsymbol{J}_{\text{pho}} \\ \boldsymbol{J}_{\text{dep}} \end{bmatrix} \tag{4.15}$$

式中：$[\boldsymbol{J}_u\ \boldsymbol{J}_v]^{\mathrm{T}}$、$\boldsymbol{J}_{\mathrm{pho}}$ 和 $\boldsymbol{J}_{\mathrm{dep}}$ 分别为重投影雅可比矩阵、光度学雅可比矩阵和深度雅可比矩阵。接下来将分别推导它们的计算过程。

4.3.1 重投影雅可比矩阵

重投影雅可比矩阵 $[\boldsymbol{J}_u\ \boldsymbol{J}_v]^{\mathrm{T}}$ 是重投影残差的向量形式 $[\boldsymbol{e}_u\ \boldsymbol{e}_v]$ 对相机位姿的偏导数矩阵，不同于范数形式的重投影残差 $\boldsymbol{e}_{\mathrm{rep}}$（式(4.7)），向量形式的重投影残差避免了复杂的范数求导过程，而将其分解成了两个方向上的求导，简化了计算过程。重投影残差向量对相机位姿的偏导矩阵如下式所示。

$$\begin{bmatrix}\boldsymbol{J}_u\\\boldsymbol{J}_v\end{bmatrix}=\begin{bmatrix}\dfrac{\partial \boldsymbol{e}_u}{\partial \boldsymbol{\xi}^{\mathrm{T}}}\\[2mm]\dfrac{\partial \boldsymbol{e}_v}{\partial \boldsymbol{\xi}^{\mathrm{T}}}\end{bmatrix}\tag{4.16}$$

将所有 N_{rep} 个特征路标点的重投影残差进行展开，则式(4.16)可以写为

$$\begin{bmatrix}J_u\\J_v\end{bmatrix}=\begin{bmatrix}\boldsymbol{j}_{u1}^{\mathrm{T}}\\\vdots\\\boldsymbol{j}_{uN_{\mathrm{rep}}}^{\mathrm{T}}\\\boldsymbol{j}_{v1}^{\mathrm{T}}\\\vdots\\\boldsymbol{j}_{vN_{\mathrm{rep}}}^{\mathrm{T}}\end{bmatrix},\begin{cases}\boldsymbol{j}_{uj}^{\mathrm{T}}=\dfrac{\partial e_{uj}}{\partial \boldsymbol{\xi}^{\mathrm{T}}}\\[2mm]\boldsymbol{j}_{vj}^{\mathrm{T}}=\dfrac{\partial e_{vj}}{\partial \boldsymbol{\xi}^{\mathrm{T}}}\end{cases}\quad (j=1,2,\cdots,N_{\mathrm{rep}})\tag{4.17}$$

式中：$[e_{uj}\ e_{vj}]^{\mathrm{T}}$ 为第 j 个角点特征路标点的重投影残差。下面推导它对相机位姿 $\boldsymbol{\xi}$ 的导数形式。

$$\begin{aligned}\begin{bmatrix}\boldsymbol{j}_{uj}^{\mathrm{T}}\\\boldsymbol{j}_{vj}^{\mathrm{T}}\end{bmatrix}&=\frac{\partial[e_{uj}\ e_{vj}]^{\mathrm{T}}}{\partial \boldsymbol{\xi}^{\mathrm{T}}}\\&=\frac{\partial([u_{oj}\ v_{oj}]^{\mathrm{T}}-[u_{wj}\ v_{wj}]^{\mathrm{T}})}{\partial \boldsymbol{\xi}^{\mathrm{T}}}\\&=\frac{\partial[u_{oj}\ v_{oj}]^{\mathrm{T}}}{\partial \boldsymbol{x}_c^{\mathrm{T}}}\frac{\partial \boldsymbol{x}_c}{\partial \boldsymbol{\xi}^{\mathrm{T}}}\end{aligned}\tag{4.18}$$

式中：$[u_{oj}\ v_{oj}]^{\mathrm{T}}$ 为路标点在图像中的重投影像素坐标，与相机位姿 $\boldsymbol{\xi}$ 有关；$[u_{wj}\ v_{wj}]^{\mathrm{T}}$ 为在图像中经过特征提取和特征匹配得到的对应特征点像素坐标，与相机位姿 $\boldsymbol{\xi}$ 无关。

如式(4.18)所示，第 j 个路标点的重投影雅可比矩阵可以分解为相乘的两

部分，记 $\boldsymbol{x}_c = [x_{cj}\ y_{cj}\ z_{cj}]^{\mathrm{T}}$ 为路标点在相机坐标系下的坐标，则 $\dfrac{\partial[u_{oj}\ v_{oj}]^{\mathrm{T}}}{\partial x_c^{\mathrm{T}}}$ 表示像素投影坐标与相机坐标系下坐标之间的导数关系，它与相机的透视成像模型有关；$\dfrac{\partial \boldsymbol{x}_c}{\partial \boldsymbol{\xi}^{\mathrm{T}}}$ 表示相机坐标系下的坐标与相机位姿之间的导数关系，它与相机位姿有关。

对于 $\dfrac{\partial[u_{oj}\ v_{oj}]^{\mathrm{T}}}{\partial x_c^{\mathrm{T}}}$，可以根据相机透视投影公式（式(2.10)）进行计算求解：

$$\frac{\partial[u_{oj}\ v_{oj}]^{\mathrm{T}}}{\partial x_c^{\mathrm{T}}} = \begin{bmatrix} \dfrac{1}{z_{cj}} f_u & 0 & -\dfrac{x_{cj}}{z_{cj}^2} f_u \\ 0 & \dfrac{1}{z_{cj}} f_u & -\dfrac{y_{cj}}{z_{cj}^2} f_v \end{bmatrix} \tag{4.19}$$

对于 $\dfrac{\partial \boldsymbol{x}_c}{\partial \boldsymbol{\xi}^{\mathrm{T}}}$，代入 $\boldsymbol{\xi}^{\mathrm{T}} = [\boldsymbol{\phi}^{\mathrm{T}}\quad \boldsymbol{t}^{\mathrm{T}}]$ 得

$$\frac{\partial \boldsymbol{x}_c}{\partial \boldsymbol{\xi}^{\mathrm{T}}} = \left[\frac{\partial \boldsymbol{x}_c}{\partial \boldsymbol{\phi}^{\mathrm{T}}}\ \frac{\partial \boldsymbol{x}_c}{\partial \boldsymbol{t}^{\mathrm{T}}}\right] \tag{4.20}$$

由于 $\boldsymbol{x}_c = \exp(\boldsymbol{\phi}^{\wedge})\boldsymbol{x}_w + \boldsymbol{t}$，因此有

$$\frac{\partial \boldsymbol{x}_c}{\partial \boldsymbol{t}^{\mathrm{T}}} = \boldsymbol{I}_{3\times 3} \tag{4.21}$$

对于 $\dfrac{\partial \boldsymbol{x}_c}{\partial \boldsymbol{\phi}^{\mathrm{T}}}$ 的计算，则需要根据李代数的性质进行推导，推导过程如下：

$$\begin{aligned} \frac{\partial \boldsymbol{x}_c}{\partial \boldsymbol{\phi}^{\mathrm{T}}} &= \lim_{\delta\phi \to 0} \frac{\exp(\delta\boldsymbol{\phi}^{\wedge}) \cdot \boldsymbol{x}_c - \boldsymbol{x}_c}{\delta\boldsymbol{\phi}} \\ &= \lim_{\delta\phi \to 0} \frac{(\exp(\delta\boldsymbol{\phi}^{\wedge}) - \boldsymbol{I})\boldsymbol{x}_c}{\delta\boldsymbol{\phi}} \\ &= \lim_{\delta\phi \to 0} \frac{\delta\boldsymbol{\phi}^{\wedge}\boldsymbol{x}_c}{\delta\boldsymbol{\phi}} \text{（根据指数函数的一阶泰勒展开）} \\ &= -\boldsymbol{x}_c^{\wedge} \qquad \text{（根据式(2.17)反对称矩阵的性质）} \end{aligned} \tag{4.22}$$

将式(4.21)和式(4.22)代入式(4.20)得

$$\frac{\partial \boldsymbol{x}_c}{\partial \boldsymbol{\xi}^{\mathrm{T}}} = [-([x_{cj}\ y_{cj}\ z_{zj}]^{\mathrm{T}})^{\wedge}\quad \boldsymbol{I}_{3\times 3}] \tag{4.23}$$

最后将式(4.19)和式(4.23)代入式(4.18)即可得到重投影残差的雅可比矩阵，即

$$\begin{bmatrix} \boldsymbol{j}_{uj}^{\mathrm{T}} \\ \boldsymbol{j}_{vj}^{\mathrm{T}} \end{bmatrix} = \begin{bmatrix} -\dfrac{x_{cj}y_{cj}}{z_{cj}^2}f_u & f_u+\dfrac{x_{cj}^2}{z_{cj}^2}f_u & -\dfrac{y_{cj}}{z_{cj}}f_u & \dfrac{1}{z_{cj}}f_u & 0 & -\dfrac{x_{cj}}{z_{cj}^2}f_u \\ -f_v-\dfrac{y_{cj}^2}{z_{cj}^2}f_v & \dfrac{x_{cj}y_{cj}}{z_{cj}^2}f_v & \dfrac{x_{cj}}{z_{cj}}f_v & 0 & \dfrac{1}{z_{cj}}f_v & -\dfrac{y_{cj}}{z_{cj}^2}f_v \end{bmatrix} \tag{4.24}$$

4.3.2 光度学雅可比矩阵

光度学雅可比矩阵 $\boldsymbol{J}_{\mathrm{pho}}$ 是光度学残差对相机位姿的偏导数矩阵，将所有 N_{pho} 个光度学路标点的光度学残差进行展开，则光度学雅可比矩阵可以写为

$$\boldsymbol{J}_{\mathrm{pho}} = \begin{bmatrix} \boldsymbol{j}_{\mathrm{pho}1}^{\mathrm{T}} \\ \vdots \\ \boldsymbol{j}_{\mathrm{pho}N_{\mathrm{pho}}}^{\mathrm{T}} \end{bmatrix}, \boldsymbol{j}_{\mathrm{pho}j} = \frac{\partial e_{\mathrm{pho}j}}{\partial \boldsymbol{\xi}^{\mathrm{T}}} \quad (j=1,2,\cdots,N_{\mathrm{pho}}) \tag{4.25}$$

式中：$e_{\mathrm{pho}j}$ 为第 j 个光度学路标点的光度学残差。下面推导它对相机位姿 $\boldsymbol{\xi}$ 的导数形式。

$$\begin{aligned} \boldsymbol{j}_{\mathrm{pho}j} &= \frac{\partial e_{\mathrm{pho}j}}{\partial \boldsymbol{\xi}^{\mathrm{T}}} \\ &= \frac{\partial(\mathrm{Intensity}([u_{oj}\ v_{oj}]^{\mathrm{T}}) - \mathrm{Intensity}(x_{wj}))}{\partial \boldsymbol{\xi}^{\mathrm{T}}} \\ &= \frac{\partial \mathrm{Intensity}([u_{oj}v_{oj}]^{\mathrm{T}})}{\partial [u_{oj}v_{oj}]} \cdot \frac{\partial [u_{oj}v_{oj}]^{\mathrm{T}}}{\partial \boldsymbol{\xi}^{\mathrm{T}}} \end{aligned} \tag{4.26}$$

式中：$\dfrac{\partial [u_{oj}v_{oj}]^{\mathrm{T}}}{\partial \boldsymbol{\xi}^{\mathrm{T}}}$为路标点在图像中的重投影像素坐标与相机位姿 $\boldsymbol{\xi}$ 的导数关系，可以根据式(4.24)进行计算；$\dfrac{\partial \mathrm{Intensity}([u_{oj}v_{oj}]^{\mathrm{T}})}{\partial [u_{oj}v_{oj}]}$为重投影像素坐标处的光度学梯度，可以对 $[u_{oj}v_{oj}]$ 的邻域像素的亮度进行差分来计算。

$$\begin{aligned} \frac{\partial \mathrm{Intensity}([u_{oj}v_{oj}]^{\mathrm{T}})}{\partial [u_{oj}v_{oj}]} &= \begin{bmatrix} \mathrm{Intensity}([u_{oj+1}v_{oj}]^{\mathrm{T}}) - \mathrm{Intensity}([u_{oj-1}v_{oj}]^{\mathrm{T}}) \\ \mathrm{Intensity}([u_{oj}v_{oj+1}]^{\mathrm{T}}) - \mathrm{Intensity}([u_{oj}v_{oj-1}]^{\mathrm{T}}) \end{bmatrix}^{\mathrm{T}} \\ &:= \boldsymbol{d}_{Ij} \end{aligned} \tag{4.27}$$

在实际工程中计算光度学梯度 $\boldsymbol{d}_{Ij}$ 时，一般还需要对图像进行平滑滤波，以提高梯度计算的鲁棒性。根据图像卷积的交换率，对图像先平滑后差分或者先差分后平滑是等效的。图像的平滑和差分操作可以在每一帧图像的预处理理阶段提前处理，生成光度学梯度图像，当在线进行迭代优化时可以直接在光度学梯度图像中索引对应像素位置处的光度学梯度，提高整体算法的计算效率。

最后将式(4.27)和式(4.24)代入式(4.26),整理得

$$
\boldsymbol{j}_{\mathrm{pho}j}=\boldsymbol{d}_{Ij}\begin{bmatrix} -\frac{x_{cj}y_{cj}}{z_{cj}^2}f_u & f_u+\frac{x_{cj}^2}{z_{cj}^2}f_u & -\frac{y_{cj}}{z_{cj}}f_j & \frac{1}{z_{cj}}f_u & 0 & -\frac{x_{cj}}{z_{cj}^2}f_u \\ -f_v-\frac{y_{cj}^2}{z_{cj}^2}f_v & \frac{x_{cj}y_{cj}}{z_{cj}^2}f_v & \frac{x_{cj}}{z_{cj}}f_v & 0 & \frac{1}{z_{cj}}f_v & -\frac{y_{cj}}{z_{cj}^2}f_v \end{bmatrix} \tag{4.28}
$$

4.3.3 深度雅可比矩阵

深度雅可比矩阵 $\boldsymbol{J}_{\mathrm{dep}}$ 是深度信息残差对相机位姿的偏导数矩阵,注意其中的深度残差是利用逆深度值计算的,如式(4.9)所示。将所有 N_{dep} 个深度信息路标点的残差进行展开,则深度雅可比矩阵可以写为

$$
\boldsymbol{J}_{\mathrm{dep}}=\begin{bmatrix} \boldsymbol{j}_{\mathrm{dep}1}^{\mathrm{T}} \\ \vdots \\ \boldsymbol{j}_{\mathrm{dep}N_{\mathrm{dep}}}^{\mathrm{T}} \end{bmatrix}, \boldsymbol{j}_{\mathrm{dep}j}=\frac{\partial e_{\mathrm{dep}j}}{\partial \boldsymbol{\xi}^{\mathrm{T}}}, j=1,2,\cdots,N_{\mathrm{dep}} \tag{4.29}
$$

式中: $e_{\mathrm{dep}j}$ 为第 j 个深度信息路标点的残差,它的计算过程与光度学雅可比矩阵的计算过程类似,但是不同的是,深度信息路标点在当前图像中的逆深度值 invDepth($\boldsymbol{x}_{wj}$)是与相机位姿 $\boldsymbol{\xi}$ 有关的。$e_{\mathrm{dep}j}$ 对相机位姿 $\boldsymbol{\xi}$ 的导数推导过程如式(4.30)所示。

$$
\begin{aligned}
\boldsymbol{j}_{\mathrm{dep}j} &=\frac{\partial e_{\mathrm{dep}j}}{\partial \boldsymbol{\xi}^{\mathrm{T}}} \\
&=\frac{\partial(\mathrm{invDepth}([u_{oj}v_{oj}]^{\mathrm{T}}-\mathrm{invDepth}(x_{wj})))}{\partial \boldsymbol{\xi}^{\mathrm{T}}} \\
&=\frac{\partial \mathrm{invDepth}([u_{oj}v_{oj}]^{\mathrm{T}})}{\partial \boldsymbol{\xi}^{\mathrm{T}}}-\frac{\partial z_{cj}^{-1}}{\partial \boldsymbol{\xi}^{\mathrm{T}}} \\
&=\frac{\partial \mathrm{invDepth}([u_{oj}v_{oj}]^{\mathrm{T}})}{\partial [u_{oj}v_{oj}]^{\mathrm{T}}}\cdot\frac{\partial [u_{oj}v_{oj}]^{\mathrm{T}}}{\partial \boldsymbol{\xi}^{\mathrm{T}}}+\frac{1}{z_{cj}^2}\frac{\partial z_{cj}}{\partial \boldsymbol{\xi}^{\mathrm{T}}}
\end{aligned} \tag{4.30}
$$

其中,$\frac{\partial z_{cj}}{\partial \boldsymbol{\xi}^{\mathrm{T}}}$可以参考式(4.23)的计算结果,它刚好是$\frac{\partial \boldsymbol{x}_{cj}}{\partial \boldsymbol{\xi}^{\mathrm{T}}}$的矩阵第三行,即

$$
\frac{\partial z_{cj}}{\partial \boldsymbol{\xi}^{\mathrm{T}}}=[y_{cj} \quad -x_{cj} \quad 0 \quad 0 \quad 0 \quad 1] \tag{4.31}
$$

与光度学雅可比矩阵的计算过程类似,式(4.30)中的$\frac{\partial [u_{oj}v_{oj}]^{\mathrm{T}}}{\partial \boldsymbol{\xi}^{\mathrm{T}}}$可以根据式

(4.24)进行计算。$\frac{\partial \mathrm{invDepth}([u_{oj}v_{oj}]^{\mathrm{T}})}{\partial [u_{oj}v_{oj}]^{\mathrm{T}}}$是路标点的重投影像素坐标处的逆深度值梯度,可以对$[u_{oj}v_{oj}]$的邻域像素的逆深度值进行差分来计算。

$$\frac{\partial \mathrm{invDepth}([u_{oj}v_{oj}]^{\mathrm{T}})}{\partial [u_{oj}v_{oj}]} = \begin{bmatrix} \mathrm{invDepth}([u_{oj+1}v_{oj}]^{\mathrm{T}}) - \mathrm{invDepth}([u_{oj-1}v_{oj}]^{\mathrm{T}}) \\ \mathrm{invDepth}([u_{oj}v_{oj+1}]^{\mathrm{T}}) - \mathrm{invDepth}([u_{oj}v_{oj-1}]^{\mathrm{T}}) \end{bmatrix}^{\mathrm{T}} := \boldsymbol{d}_{iDj} \tag{4.32}$$

与光度学雅可比矩阵的计算过程一样,可以在每一帧深度图像的预处理阶段生成逆深度梯度图像,提高整体算法的计算效率。但是需要注意的是,深度图像是非稠密的,在图像平滑和梯度计算过程中要弃用无效像素点。

最后将式(4.31)、式(4.32)和式(4.24)代入式(4.30),整理得

$$\boldsymbol{j}_{\mathrm{dep}j} = \boldsymbol{d}_{iDj} \begin{bmatrix} -\frac{x_{cj}y_{cj}}{z_{cj}^2}f_u & f_u+\frac{x_{cj}^2}{z_{cj}^2}f_u & -\frac{y_{cj}}{z_{cj}}f_u & \frac{1}{z_{cj}}f_u & 0 & -\frac{x_{cj}}{z_{cj}^2}f_u \\ -f_v-\frac{y_{cj}^2}{z_{cj}^2}f_v & \frac{x_{cj}y_{cj}}{z_{cj}^2}f_v & \frac{x_{cj}}{z_{cj}}f_v & 0 & \frac{1}{z_{cj}}f_v & -\frac{y_{cj}}{z_{cj}^2}f_v \end{bmatrix} + \frac{1}{z_{cj}^2}[y_{cj} \quad -x_{cj} \quad 0 \quad 0 \quad 0 \quad 1] \tag{4.33}$$

4.3.4 鲁棒核函数与外点滤除

在非线性优化过程中,引入鲁棒核函数可以有效增强迭代过程的鲁棒性。非线性优化的目标是实现所有样本点的总残差的最小化,因此那些残差越大的样本点对迭代优化的梯度方向影响也越大。当样本点中存在外点时,由于外点的误差很大,导致优化过程过分依赖于外点,最终可能导致优化算法收敛到错误的局部最优值。鲁棒核函数的引入可以很大程度上抑制误差特别大的样本点的作用,使迭代过程更加稳定,提高非线性优化算法的鲁棒性。

为了消除外点对迭代过程的影响,一个直观的想法是将它们的权重设为0。然而,对于一种迭代优化算法而言,它的迭代初值与最优解之间可能存在较大的偏差,此时的外点和误差大小并不存在必然的关系,大部分的内点也会有较大的误差,因此此时依据误差的大小来区分外点和内点反而会导致错误的收敛结果。鲁棒核函数是一种相对更加平滑的非线性函数,它会降低那些误差较大的样本点的权重,但是仍然保证权重是随误差单调增加的。因此,鲁棒核函数可以有效降低外点对优化过程的影响,同时避免了算法的错误收敛,从而提高了整体算法的鲁棒性。

GM(geman-macClure)鲁棒核函数是目前在RGBD图像处理中性能表现十

分出色的一个鲁棒核函数[164]。对于一个非线性优化问题[式(4.5)],它的每个样本的方差计算公式为 $E_j = e_j w_j e_j$,因为它是一种平方和计算方式,所以也被称为 $\ell 2$ 核函数。GM 鲁棒核函数则将该计算过程改为 $E_{\mathrm{GM}j} = e_j w_j e_j/(1 + e_j w_j e_j)$,从而实现对误差较大的样本权重的降低。两者的曲线对比如图 4.2 所示。

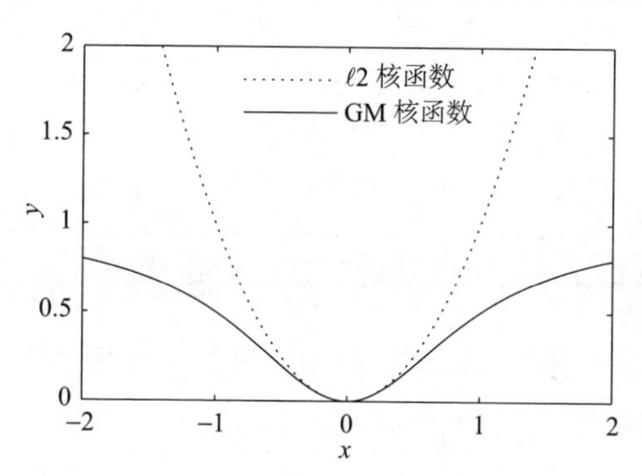

图 4.2　GM 核函数与 $\ell 2$ 核函数曲线对比情况

从图 4.2 中可以看出,GM 鲁棒核函数与 $\ell 2$ 核函数一样,随着误差绝对值的增加而单调增加,这可以保证迭代优化的收敛性,避免迭代发生震荡。当误差绝对值较小时,二者的函数曲线十分接近;但是当误差绝对值较大时,GM 核函数可以有效降低函数输出值,即降低了这些样本对迭代优化的作用。

原始的非线性优化算法对于样本点的权重使用 $\boldsymbol{W}$ 来表示,当使用 GM 核函数时,可以根据 GM 鲁棒核函数的形式,推导出相应的 GM 权重。

$$E_{\mathrm{GM}} = \sum_{j=1}^{N} \frac{e_j w_j e_j}{(1 + e_j w_j e_j)} := \boldsymbol{e}^{\mathrm{T}} \boldsymbol{W}_{\mathrm{GM}} \boldsymbol{e} \tag{4.34}$$

式中:$\boldsymbol{W}_{\mathrm{GM}}$ 为 GM 权重,与原始的权重矩阵 $\boldsymbol{W}$ 一样,也是一个对角矩阵,对角元素为 $w_j/(1 + e_j w_j e_j)$。

使用 GM 权重来代替原始权重,就可以像原始的迭代优化过程一样,使用式(4.14)的迭代增量来实现迭代优化,即

$$\Delta \boldsymbol{\xi} = -(\boldsymbol{J}^{\mathrm{T}} \boldsymbol{W}_{\mathrm{GM}} \boldsymbol{J})^{-1} \boldsymbol{J}^{\mathrm{T}} \boldsymbol{W}_{\mathrm{GM}} \boldsymbol{e} \tag{4.35}$$

引入鲁棒核函数可以有效增强迭代优化过程的鲁棒性,但是同时,鲁棒核函数破坏了非线性优化结果的最优性。原始的非线性优化的 $\ell 2$ 核函数是基于高斯误差模型推导得到的最优结果,如 4.2.1 节所述,因此理论上只有 $\ell 2$ 核函数能够保证优化结果的最优性,任何其他核函数的引入会破坏这种最优性。本节为了保证优化求解结果的最优性,仅在迭代优化的前半阶段使用 GM 鲁棒核函数,而在后半段优化过程弃用 GM 鲁棒核函数。在后半段的优化过程中,为了保证迭代过程的鲁棒性,将对外点进行检测和滤除。

由于优化的后半段结果已经接近最优结果，所以此时可以根据样本点的误差大小来判断其是否为外点。本节设置 3 个外点误差阈值，th_{rep}、th_{pho}、和 th_{dep}，它们分别是重投影特征路标点、光度学路标点和深度路标点的外点误差阈值。当 3 种路标点的误差绝对值大于其对应的阈值时，将其在之后的优化中永久删除，最终使迭代优化的结果既保证了鲁棒性，又保证了最优性。

综上所述，整个迭代优化过程分为两个阶段：第一阶段使用 GM 鲁棒核函数保证迭代的鲁棒性，使优化结果接近最优解；第二阶段使用外点滤除，保证优化结果的最优性。完整的算法流程如算法 4.1 所示。

算法 4.1 使用鲁棒核函数与外点滤除的迭代优化算法

已知：最大迭代次数 n；初始状态 $\boldsymbol{\xi}_0$；路标点在世界坐标系下的坐标 $\boldsymbol{x}_{wj}$，及其真值 x_{wj}；外点阈值 th_{rep}、th_{pho} 和 th_{dep}。

求：ξ

1：**repeat**

2：根据当前相机位姿，将路标点透视投影到图像中，并得到其观测值：x_{oj}；再计算路标点的观测残差：$e_j = e(x_{oj}, x_{wj})$。

3：计算雅可比矩阵：$\boldsymbol{J} = \partial \boldsymbol{e} / \partial \boldsymbol{\xi}^{\mathrm{T}}$。

4：计算 3 种残差的协方差：$\boldsymbol{\sigma}_{\text{rep}}^2 = \dfrac{1}{N_{\text{rep}}} \sum_{j=1}^{N_{\text{rep}}} e_{\text{rep},j}^2$、$\boldsymbol{\sigma}_{\text{pho}}^2 = \dfrac{1}{N_{\text{pho}}} \sum_{j=1}^{N_{\text{pho}}} e_{\text{pho},j}^2$ 和 $\boldsymbol{\sigma}_{\text{dep}}^2 = \dfrac{1}{N_{\text{dep}}} \sum_{j=1}^{N_{\text{dep}}} e_{\text{dep},j}^2$，并组成权重矩阵 $\boldsymbol{W}$。

5：使用 GM 鲁棒核函数计算迭代增量：$\Delta\boldsymbol{\xi} = -(\boldsymbol{J}^{\mathrm{T}} \boldsymbol{W}_{\text{GM}} \boldsymbol{J})^{-1} \boldsymbol{J}^{\mathrm{T}} \boldsymbol{W}_{\text{GM}} \boldsymbol{e}$。

6：更新相机位姿：$\boldsymbol{\xi}_{i+1} = \boldsymbol{\xi}_i \oplus \Delta\boldsymbol{\xi}$（其中 $\oplus$ 表示李代数相加）。

7：$i = i + 1$；

8：**until** $i = n/2$

9：**repeat**

10：根据当前相机位姿，将路标点透视投影到图像中，并得到其观测值：x_{oj}；再计算路标点的观测残差：$e_j = e(x_{oj}, x_{wj})$。

11：使用阈值 th_{rep}、th_{pho} 和 th_{dep} 来检测外点，并在之后的迭代中永久删除外点。

12：计算雅可比矩阵：$\boldsymbol{J} = \partial \boldsymbol{e} / \partial \boldsymbol{\xi}^{\mathrm{T}}$。

13:　　计算 3 种残差的协方差：$\sigma_{\text{rep}}^2 = \frac{1}{N_{\text{rep}}}\sum_{j=1}^{N_{\text{rep}}} e_{\text{rep},j}^2$、$\sigma_{\text{pho}}^2 = \frac{1}{N_{\text{pho}}}\sum_{j=1}^{N_{\text{pho}}} e_{\text{pho},j}^2$ 和 $\sigma_{\text{dep}}^2 = \frac{1}{N_{\text{dep}}}\sum_{j=1}^{N_{\text{dep}}} e_{\text{dep},j}^2$，并组成权重矩阵 $\boldsymbol{W}$。

14:　　使用 $\ell 2$ 鲁棒核函数计算迭代增量：$\Delta\boldsymbol{\xi} = -(\boldsymbol{J}^{\text{T}}\boldsymbol{W}\boldsymbol{J})^{-1}\boldsymbol{J}^{\text{T}}\boldsymbol{W}\boldsymbol{e}$。

15:　　更新相机位姿：$\boldsymbol{\xi}_{i+1} = \boldsymbol{\xi}_i \oplus \Delta\boldsymbol{\xi}$。

16:　　$i = i + 1$;

17: **until** $i = n$

18: **retur** $\boldsymbol{\xi}_n$

4.4　三种信息路标点的提取

视觉里程计中的路标点是增量式更新的，随着视觉里程计的进行，需要在当前帧中提取路标点，并根据当前帧的位姿状态将其添加到地图中，用于后续帧的位姿估计。正是因为后续帧的位姿估计依赖于前一帧的状态，所以视觉里程计是一种增量式里程计。

路标点作为直接用于后续位姿估计的关键信息，它们的质量将直接影响视觉里程计的精度和鲁棒性。一个高质量的路标点应当具有较强的显著性，可以在连续多帧的图像中观测到，以及足够的稳定性，不会随相机的运动而发生外观或位置的变化。本书的视觉里程计同时使用了 3 种信息相结合，对应的路标点也有 3 种类型。每种路标点所代表的信息类型不同，它们在 RGBD 图像中的提取方式也不相同。但是每种路标点都必须保证所提取数量的稳定，路标点过少会导致视觉里程计的精度和鲁棒性下降，路标点过多则会导致计算量的增加而影响视觉里程计的实时性。因此在图像中提取每种路标点时都要考虑数量的稳定性。

用于计算重投影残差的路标点，即重投影路标点，地图中除了保存它的三维坐标，还需要保存它的特征描述子，以用于在后续图像中进行特征匹配。在传统单目视觉 SLAM 中已经对此类路标点进行了广泛研究和使用，普遍选择使用具有尺度和旋转不变性的特征点方法。它们可以提取得到鲁棒的特征描述子并进行特征匹配，对视觉里程计的优化过程是一个很强的约束条件，保证了视觉里程计的鲁棒性。混合信息残差框架不限于任何一种特征提取方法，其主要贡献在于多种信息的联合使用，因此为了验证多信息联合的性能优势，而非某一特征的优势，在本章的实验中将使用其他方法所广泛使用的 ORB 特征作为重投影路标点，以便能够与其他单一信息残差方法的视觉里程计进行公平对比。

路标点在图像中分布的离散程度也是十分重要的，即路标点不是聚集在图像中的某一区域，而是相对均匀地分布在图像中。离散的路标点一方面有利于后续图像连续对路标点观测，不至于一次丢失大量路标点而定位失败；另一方面离散的路标点可以为位姿优化过程提供更多的观测约束，避免位姿优化过程因过度依赖某一局部的环境信息而陷入局部最优值。因此，本节使用区域分块特征提取手段，来确保路标点在图像中分布的离散程度。将图像均匀分割为几块网格区域，区域的大小需要根据图像的大小和成像质量合理选取，然后在每个图像区域内分别进行特征提取。最后对所有特征点进行筛选，剔除角点响应值低的特征点，但是当每个网格区域内只剩下一个特征点时不再对其剔除。最终只保留期望数量的路标点。

用于计算光度学残差的路标点，即光度学路标点，它将亮度信息连同其三维坐标一起被保存在地图中。路标点的亮度信息表示的应当是环境中的物体对光线的反射强度，是一种不随相机状态而改变的恒常信息。但是由于相机成像模型的限制，在图像中的像素亮度会受相机曝光时间、透镜光晕效果等各种因素的影响，这是与相机自身的成像模型有关的。本节主要介绍多信息融合的视觉里程计问题，因此假设相机的图像经过标定和校正，相机的曝光时间保持恒定或已知，则可以保证连续图像中的像素亮度值的一致性。此时，光度学路标点可以直接选取为图像中的特定像素点及其亮度值。

根据非线性优化模型可知，像素点的光度学梯度越大，对迭代优化的贡献也越大，因此本节基于亮度显著性来提取图像中的光度学路标点。所谓亮度显著性，是指那些像素亮度值与其邻域像素的亮度有明显的差异性，也就是具有较大的亮度梯度。因此，提取亮度显著性像素点的过程等价于对亮度梯度图像的二值化操作。由于在 4.3.2 节中计算光度学雅可比矩阵时也需要亮度梯度图像，并且它是在图像预处理阶段生成的，因此本节所述的光度学路标点也可以直接利用该亮度梯度图像来提取。

不同的亮度梯度阈值会在图像中提取到不同数量的路标点，为了保证光度学路标点提取数量的稳定，本节设计了基于梯度直方图的自适应阈值法来提取光度学路标点，如图 4.3 所示。

首先基于亮度梯度图像构建梯度直方图，然后对梯度直方图按照从大到小的方向进行积分。在积分的过程中，一旦累计的像素数量超过阈值，即路标点的期望数量，则停止积分，并将当前参与积分的梯度值作为最终的亮度梯度阈值。值得注意的是,由于梯度直方图的量化分辨率的影响,使用该自适应梯度阈值提取到的显著性路标点会略多于期望数量,直方图的量化分辨率越高则误差越少,考虑到路标点数量的稳定性和计算成本之间的平衡,本书的直方图使用 1000 的分辨率。

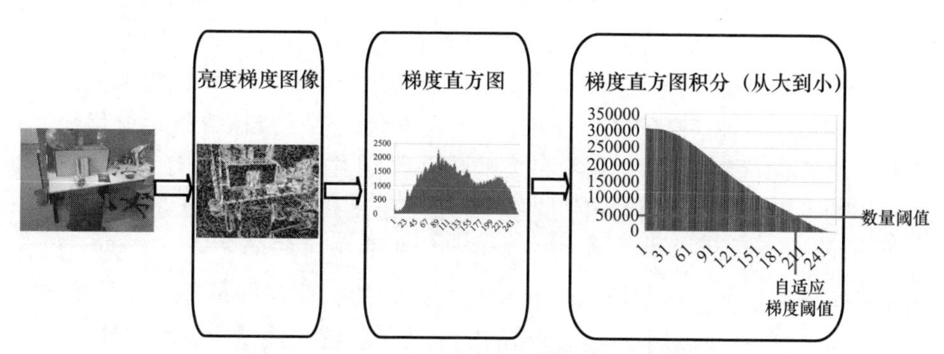

图 4.3　数量稳定的自适应梯度阈值生成方法

路标点在图像中分布的离散程度也十分重要。由于亮度梯度图像经过了平滑处理以提高鲁棒性,因此一个具有较强梯度的像素会产生一个平滑像素块。当进行路标点提取时会导致提取的像素点聚集在这一区域内,并最终导致整个图像中的路标点分布过于集中。为了避免这种情况,最直观的方法是进行区域非极大值抑制,但是这种方法一是计算量较大,不适合本书大量的像素路标点的处理;二是 4.3.2 节所述的迭代优化过程依赖于那些具有亮度梯度值的路标点,而不关心其梯度值是否是极值,所以对一块梯度显著性区域只提取一个极值点不利于优化算法的计算精度。因此本书采用更加高效的图像降采样方法,既避免了路标点的过度集中,增加了路标点的离散程度,又保证了显著性区域的整体性作用。

与深度残差对应的路标点,即深度路标点,是在深度图像上提取的,并将其三维坐标保存在地图中。与光度学路标点类似,梯度显著性越高的路标点对迭代优化过程的贡献也越大,因此可以采用与光度学路标点相同的提取方法来提取深度路标点,唯一的区别是将亮度图像替换为逆深度图像。

以上 3 种信息的路标点的提取是与相机位姿优化过程相对独立的过程,可以在图像预处理阶段完成。因此,图像预处理阶段包含了图像的校正与配准,生成亮度梯度图像和逆深度梯度图像,以及路标点的提取。在工程应用中可以将图像预处理阶段与位姿优化过程实现多线程并行化,以提高整体算法的实时性。

4.5 实验对比与分析

本节设计并进行了一系列的实验,来检验混合信息残差视觉里程计的性能,着重对比分析多信息融合相比于单一信息的性能提高。

混合残差视觉里程计中的重投影路标点不限于任何一种特征提取方法,其主要贡献在于多种信息的联合使用,因此为了验证多信息联合的性能优势,而非某一特征的优势,在本节所有的实验中将使用其他方法所广泛使用的 ORB 特征作为重投影路标点,以便能够与其他单一信息残差方法的视觉里程计进行公平对比。本节实验全部是在两个公开的数据集上进行的[154-155],这两个数据集是在室内场景下利用手持 Kinect 相机所采集的。数据集同时提供了高精度的相机位姿真值,可以用于实验结果的定量分析。混合残差视觉里程计方法通过 C++编程实现,源代码已经开源。所有的实验均是在一台 2.4GHz 的四核计算机上运行的。

4.5.1 路标点提取与外点滤除

本章所介绍的混合信息残差视觉里程计使用了 3 种信息类型的路标点。使用 4.4 节所述的路标点提取方法在图像中进行路标点的提取,结果如图 4.4 所示,其中 3 种路标点的数量均设置为 300 个。

重投影路标点是使用 ORB 特征提取方法进行提取的,得到的路标点如图 4.4(b)所示。得益于 4.4 节所述的区域分块提取方法,所提取的路标点在图像中分布比较均匀。光度学路标点和深度路标点分别是在亮度梯度图像中与逆深度梯度图像中提取的,提取结果如图 4.4(d)、(f)所示。光度学路标点主要出现在亮度梯度比较大的地方,深度路标点主要出现在逆深度梯度比较大的地方,并且两者在图像中的分布都具有较高的离散程度。

使用 4.3.4 节所述的外点滤除方法对观测到的路标点进行外点滤除,设置 3 种外点残差阈值分别为 $th_{\text{rep}}=2.5\text{pixel}$、$th_{\text{pho}}=0.3$ 和 $th_{\text{dep}}=0.05\text{m}^{-1}$。一个典型的外点滤除结果如图 4.5 所示。

图 4.5 中的图像因为视角的变化而发生了物体遮挡情况的变化。此时,将前几帧得到的地图路标点映射到当前图像上时,将因为遮挡问题而出现一些观测不到的路标点,这些路标点在图像中具有较大的观测残差,成为了外点。如图 4.5 所示,本节的外点滤除方法能够有效实现对外点的滤除。其中,重投影路标点的外点是由于特征匹配阶段的误匹配所导致的,这些误匹配的路标点会

存在较大的重投影误差,从而被判断为外点并被滤除,如图4.5(a)中的深色点所示。至于图4.5(a)中的那些被遮挡的特征点,它们不会在当前图像中检测到,在特征匹配阶段便已经被剔除,不会参与迭代优化过程。对于光度学路标点和深度路标点,由于不存在特征匹配阶段,因此那些被遮挡的路标点仍然能够投影到当前图像中。但是它们在图像中的对应像素是前景物体,导致较大的观测残差,将被滤除,如图4.5(b)、(c)所示。其中,深度图像由于非稠密问题而存在大量的无效像素点,被投影到无效像素点上的深度路标点由于无法计算残差,也被认定为是外点。

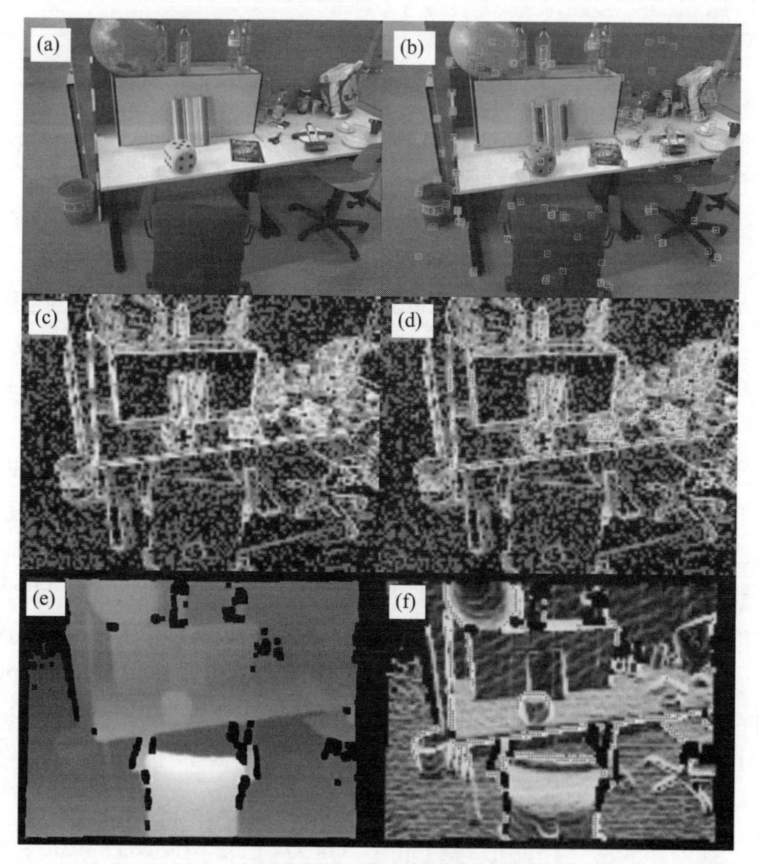

图4.4　3种信息类型的路标点提取结果

(a)原始彩色图像;(b)提取到的重投影路标点(小方框所示);(c)亮度梯度图像;
(d)提取到的光度学路标点(灰色像素点);(e)逆深度图像;
(f)逆深度梯度图像和提取到的深度路标点(灰色像素点)。

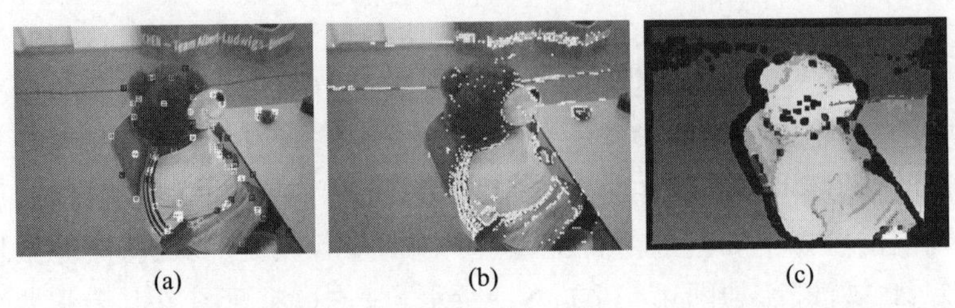

(a) (b) (c)

图 4.5 3 种路标点的外点滤除效果(图中浅色表示内点,深色点表示外点)
(a)重投影路标点;(b)光度学路标点;(c)深度路标点。

4.5.2 视觉里程计实验

为了测试混合信息残差视觉里程计的定位精度,设计以下视觉里程计对比实验。本实验主要验证多信息融合相比于单一信息的性能优势,因此引入了其他使用单一信息或两种信息的视觉里程计方法与本书方法一起进行对比实验分析。它们分别基于重投影残差、光度学残差和深度残差这 3 种残差中的一种或两种,共 6 个对比方法。其中,ORB-SLAM[53] 是基于单一的重投影残差,LSD-SLAM[38] 是基于单一的光度学残差。为了保证对比的公平性,以上两种 SLAM 方法中的后端闭环检测和全局轨迹优化功能被取消,只保留前端的视觉里程计功能,与视觉里程计方法进行实验对比。同时它们的路标点提取方法、非线性优化方法等视觉里程计和相关核心算法也都保持一致,以保证实验条件的一致性。另外,4 种对比方法中的单一深度残差方法和 3 种组合方法,目前没有相关的视觉里程计方法与之对应,将利用本章的多信息混合框架,通过将其他类型的路标点数量设置为 0,构建这些对比方法。

根据所使用的信息类型不同,将以上 6 种对比方法与本书视觉里程计方法分别简称为 Rep、Pho、Dep、Pho+Dep、Rep+Dep、Rep+Pho 和 Rep+Pho+Dep。其中,Rep 表示只使用重投影残差的方法,即 ORB-SLAM 的里程计模块;Pho 表示只使用光度学残差的方法,即 LSD-SLAM 的里程计模块;Dep 表示只使用深度残差的方法;Pho+Dep、Rep+Dep、Rep+Pho 表示对应两种信息残差的结合方法;Rep+Pho+Dep 表示本章的混合信息残差视觉里程计方法。

所有对比方法均在相同的实验条件下进行,包括相同的计算机平台、相同的编程语言,以及相同的 RGBD 数据集。另外,考虑到图标点的数量对视觉里程计的精度存在影响,为了保证对比实验的公平性,以下实验中每种方法所使用的路标点的总量是相同的。也就是说,基于两种以上信息的方法将减少每种信息所对应的路标点数量,保证路标点总量与其他单一信息方法所使用的路标点相同。只有基于这样的实验对比条件,才能够证明多信息融合后的性能提高是由于多信息之间具有互补性,而非由于通过增加其他信息而增加了路标点的数量。

本实验中每种方法所使用的路标点数量都设置为 1500,在此参数设置下,所有方法均能在 30Hz 的帧率下运行,与 RGBD 相机的图像输出帧率相同。对于使用多种信息融合的里程计方法,不同信息路标点的数量设置没有先验知识可以借鉴,本章使用 1∶1∶1 的比例分配不同信息路标点的数量,即基于单一信息的里程计方法使用 1500 个单一信息路标点;基于两种信息的里程计方法分别使用 750 个单种信息路标点;本章基于 3 种信息的里程计方法分别使用 500 个单种信息路标点。这种平均的路标点数量分配方式对不同的对比方法也是公平的。

使用以上参数设置,在 5 个图像序列中对所有对比方法进行视觉里程计实验,并计算每种方法的里程计轨迹和绝对轨迹误差(absolute trajectory errors,ATE),绘制的轨迹曲线和误差曲线如图 4.6 所示。用于实验的 5 个图像序列的场景如图 4.7 所示。

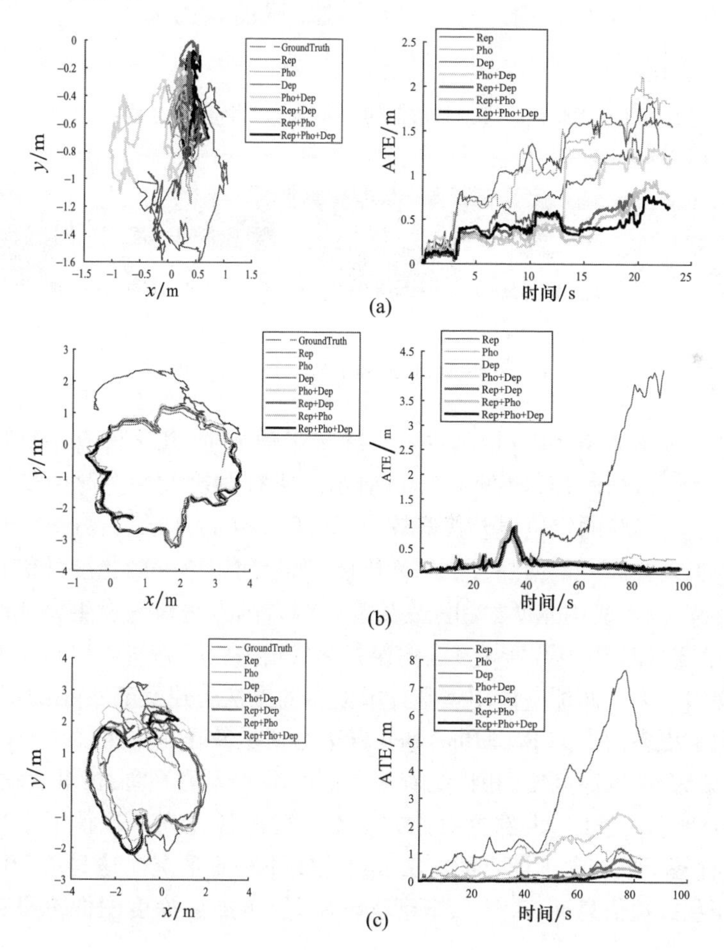

(a)

(b)

(c)

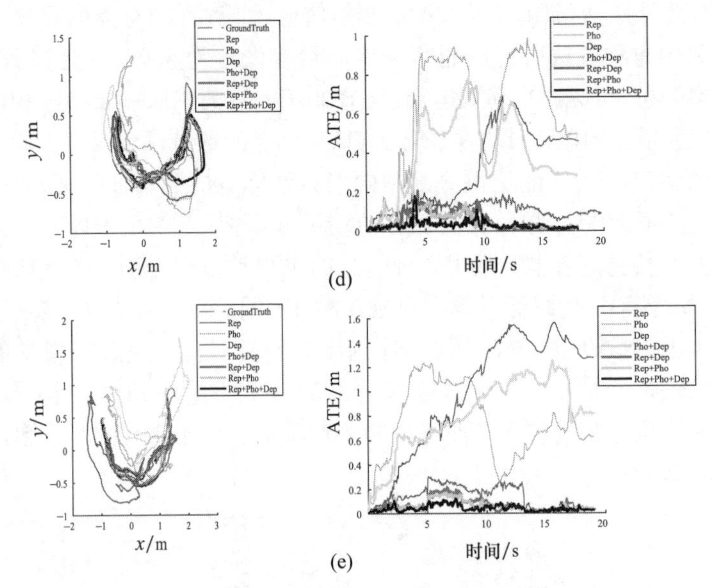

图 4.6　视觉里程计的轨迹曲线(左)和绝对轨迹误差曲线(右)

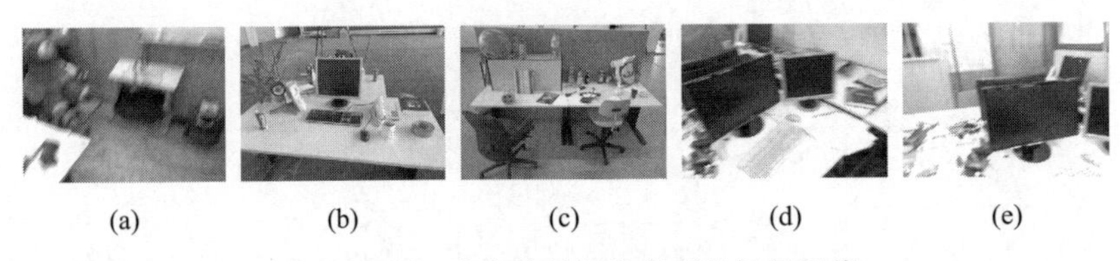

图 4.7　用于本实验的图像序列的场景图像

在第一个图像序列中,相机主要以旋转运动为主,几乎没有平移运动。图像具有较大的运动模糊,如图 4.7(a)所示。所有对比方法在此图像序列中进行视觉里程计实验的定位误差普遍较大,如图 4.6(a)所示。在此情况下,重投影信息的引入会极大地增强方法的鲁棒性,那些使用单一的光度学信息或深度信息的方法,以及使用光度学和深度信息相结合的方法极易发生突然的误差增大,如在第 3 秒时 Pho 和 Dep 方法的误差突然增大,在第 13 秒时 Pho+Dep 方法的误差突然增大。而那些使用了重投影信息的方法普遍具有更小的定位误差,并且使用了更多信息的 Rep+Pho+Dep 方法达到了最好的性能。

在第二个图像序列中,相机绕着一个桌面场景运动一周,相机运动平稳,如图 4.7(b)所示。此时,大部分对比方法都在此图像序列中取得了很高的定位精度,只有基于单一深度信息的方法表现出了不稳定情况。这是由于深度信息相比于颜色纹理信息而言,信息丰富程度不足,再加上深度图像本身存在的非稠密问题,使得基于单一深度信息的里程计方法具有先天的劣势。除了基于单一深度信息的方法,其他方法,包括其他信息与深度信息融合的方法,都在此图像序列中达到很高的定位精度,这是因为此图像序列本身质量较好,对视觉里程计不具有挑战性,各个对比方法无法表现出明显的性能优劣。

其他 3 个图像序列场景图像如图 4.7(c)~(e)所示,其对应的实验结果分别如图 4.6(c)~(e)所示。从图 4.6 中的绝对轨迹误差曲线可以看出,任意两种信息的融合都比使用其中的单一信息具有更高的定位精度和鲁棒性。其中的鲁棒性表现为定位误差是否会有突然的变化,而鲁棒性差的方法一旦遇到恶劣的图像条件,就会出现突然的误差增大,影响最终的定位精度。而融合了 3 种信息的本书方法获得了最好的定位精度和鲁棒性。

为了定量分析多信息视觉里程计中的每种信息的贡献,将上述实验中每种方法的平均绝对轨迹误差进行对比分析,计算本书方法相比于其他方法的精度提高的百分比如表 4.2 所示。其中的 $ATE_{[*]}$ 表示其他 6 种对比方法中的任意一种方法的绝对轨迹误差,使用公式 $(ATE_{[*]}-ATE_{Rep+Pho+Dep})/ATE_{[*]}\times100\%$ 来计算本书方法相比于任意一种对比方法的精度提高百分比。

表 4.2　混合信息残差视觉里程计方法相比于其他对比方法的精度提高的百分比

图像序列	精度提高: $(ATE_{[*]}-ATE_{Rep+Pho+Dep})/ATE_{[*]}\times100\%$					
	Rep	Pho	Dep	Pho+Dep	Rep+Dep	Rep+Pho
图 4.7(a)	48.16%	63.28%	63.61%	39.04%	-1.08%	-3.19%
图 4.7(b)	-4.64%	18.62%	84.25%	11.67%	-8.68%	3.16%
图 4.7(c)	72.33%	90.91%	96.98%	91.52%	55.46%	54.89%
图 4.7(d)	72.60%	95.10%	90.35%	92.39%	40.98%	30.62%
图 4.7(e)	69.57%	94.21%	95.63%	94.69%	35.97%	30.39%
平均提高	51.60%	72.42%	86.16%	65.86%	24.53%	23.17%

表 4.2 表明了混合信息残差视觉里程计方法能够显著提高视觉里程计的定位精度。相比于使用单一信息的视觉里程计方法,定位精度提高 50%以上;相比于使用两种信息的视觉里程计方法,性能提高 20%以上。值得注意的是,其他方法的定位精度比较低,有时是由于其算法鲁棒性较差导致突然的定位发散,从而极大地增大了最终的定位误差。因此,表 4.2 中所示的定位精度的提高来源于对位姿优化的精度和方法的鲁棒性这两个方面。

以上实验充分证明了混合信息残差视觉里程计的性能优势,通过对 3 种信息的融合,对 3 种信息残差的联合优化,达到了信息之间的优势互补,并最终提高了视觉里程计的总体精度和鲁棒性。值得再次指出的是,以上实验中的每种视觉里程计方法都使用了相同数量的路标点，它们具有相似的计算复杂度，而非通过额外增加信息而增加路标点。因此，多信息结合的性能提高并不是来源于计算量的提高，而是来源于多信息之间的互补性。另外，以上实验所证明的三维视觉中的多信息融合的优势，对于其他三维视觉应用也具有借鉴意义。

4.6 小结

本章首先分析了目前的视觉里程计方法中所使用的不同信息类型，然后介绍了一种将 3 种不同类型信息结合起来的混合信息残差视觉里程计：HRVO。该方法将重投影残差、光度学残差和深度残差联合起来用于相机位姿的非线性最优估计，提高了算法的定位精度和鲁棒性。

HRVO 视觉里程计方法主要包括 4 个方面的主要工作：一是基于高斯概率模型假设，介绍了一种混合信息残差优化模型，该模型将重投影残差、光度学残差和深度残差统一到了一个联合优化框架下，实现了 3 种信息的紧密融合，用于相机位姿的最优化估计；二是推导了上述混合残差优化模型的非线性优化求解方法，推导了 3 种信息的雅可比矩阵形式，利用高斯牛顿法实现了非线性模型的迭代优化求解；三是在优化过程中，介绍了鲁棒核函数与外点滤除分阶段使用的方法，在迭代优化的前半阶段使用鲁棒核函数，提高了迭代过程的鲁棒性，在迭代优化的后半阶段使用外点滤除，保证了优化结果的最优性；四是设计了 3 种不同信息残差路标点的提取方法，其中重投影路标点的提取使用了现有成熟的视觉角点特征提取方法，对于光度学路标点和深度路标点的提取，则设计了基于显著性的自适应阈值提取方法，每种路标点的提取过程既保证了数量的稳定，又保证了路标点在图像中分布的离散程度。

最后在开源 RGBD 数据集上进行了实验测试，验证了 HRVO 方法的性能优势，该方法利用了 3 种信息之间的优势互补性质，同时提高了视觉里程计的定位精度和鲁棒性。

第 5 章　结合位姿与外观信息的闭环检测方法

闭环检测是 SLAM 的后端功能，由于 SLAM 前端的视觉里程计是一种增量式的定位方法，存在着误差累积的问题，因此在 SLAM 中引入闭环检测功能来消除累积误差。闭环检测本质上是一种重定位问题，通过识别出曾经经过的场景来消除两次经过该场景期间所累积的误差。

本章介绍了一种结合位姿与外观信息的闭环检测方法，将 SLAM 中所提供的位姿信息与传统闭环检测方法所使用的图像外观信息相结合，利用这两种信息的互补特性，联合用于闭环检测，提高了方法的闭环检测性能。其中，位姿信息是指视觉里程计计算得到的机器人的当前位姿信息；外观信息是对视觉图像的一种特征描述，如使用视觉词汇袋（BoW）描述图像的外观，可以定量计算两幅图像的相似性。

本章 5.1 节介绍了目前的闭环检测方法所存在的弊端，根据 SLAM 问题特性介绍了将位姿信息与图像外观信息相结合的闭环检测方案。5.2 节基于视觉里程计中位姿估计的非线性优化框架，推导了位姿方差计算模型。5.3 节利用该位姿方差，在高斯概率模型假设下推导了位姿闭环概率模型。5.4 节将位姿闭环概率与现有成熟的外观闭环概率相结合，构建结合位姿与外观信息的闭环检测方法，并在其中引入了序列一致性检验和几何一致性检验来提高闭环检测的精确率。5.5 节进行了实验，用以检验本章所介绍的闭环检测方法的性能。5.6 节对本章做出总结。

5.1　问题的提出

闭环检测是 SLAM 中用来消除累积误差的有效手段，它本质上是一种重定位方法，通过判断机器人是否重新回到了某个地点，并在这个地点中重新定位，来消除这期间的累积误差。视觉 SLAM 作为一种视觉定位和环境感知方法，能够在实现机器人定位的同时，增量式地构建环境地图。在地图的帮助下，当机器人重新回到曾经所经过的场景时，有可能“认出”该场景，并通过在该场景中重新定位来消除两次经过该场景期间的累积误差。机器人的这种“认出”自己曾经经过的场景的行为,称为闭环检测。

目前的视觉闭环检测方法将该问题作为一种图像检索或场景匹配问题来进行研究,如第 1 章所述,这些方法是基于图像外观的匹配来检测闭环的,统称为基于外观的闭环检测方法。这种方法相当于让机器人通过观察两幅图像来判断它们是否属于同一场景。然而,仅通过两幅图像的外观来判断闭环对于 SLAM 系统而言是远远不够的。

让我们来考虑一下人类是如何识别曾经经过的场景的。当我们重新到达一个曾经经过的地方时,即使环境已经发生了很大的改变,我们仍然能够凭借该场景所处的地理位置识别出它;反过来,当我们到了一个似曾相识的新环境时,即使该环境与某个已知环境非常相像,我们仍然能够凭借地理位置的差异,判断出它是一个全新的地点。也就是说,对于相同地点的识别问题,环境外观信息与地理位置信息都是十分重要的,彼此之间具有信息互补性和不可替代性。

因此,对于闭环检测问题,将位姿信息与图像外观信息进行结合是一项十分有意义的研究。位姿信息为闭环检测提供了“中间运动过程”,而图像外观信息为闭环检测提供了“端到端的相似性”。从这个角度来讲,二者具有很强的互补性。

Neira 等[165]认识到了位姿信息的重要性,并将位姿信息用于建图过程的数据关联。Li 等[166]则首次实现了将位姿信息用于辅助闭环检测。利用扩展卡尔曼滤波器对视觉里程计的累积误差进行估计,并将视觉里程计的定位误差用于闭环检测时的初步筛选,只对筛选后的候选地图场景进行闭环检测。这种方法将位姿信息与图像外观信息分开使用,位姿信息用于辅助约束,而非直接用于闭环检测,核心还是基于图像外观信息的闭环检测。另外,该方法基于扩展卡尔曼滤波器模型框架而不是非线性优化模型框架,而目前的视觉 SLAM 方法已经广泛采用非线性优化模型框架,使得上述方法无法应用于最新的 SLAM 方法。

受位姿信息与图像外观信息之间互补特性的启发,本章介绍了一种基于位姿与外观信息的闭环检测方法,在非线性优化视觉里程计模型框架下,将这两种信息同时用于闭环检测,介绍了一种结合位姿与外观信息的闭环检测方法:PALoop(pose-appearance-based loop)。结合位姿与外观信息的闭环检测方法框架如图 5.1 所示。

图 5.1 中的第一个模块是本章所介绍的位姿闭环概率计算方法,如灰色底纹的方框所示。其他 3 个模块分别是图像外观闭环概率计算、序列一致性检验和几何一致性检验。其中,图像外观闭环概率的计算可以使用目前比较成熟的视觉词袋法来实现。然后将位姿闭环概率与外观闭环概率相乘,作为最终的闭环概率。序列一致性检验和几何一致性检验是在其他闭环检测方法中所广泛

使用的方法,是可选模块,如图 5.1 中两个虚线框所示。这两个一致性检验方法用于对闭环检测候选结果的进一步验证,提高闭环检测的精确度。

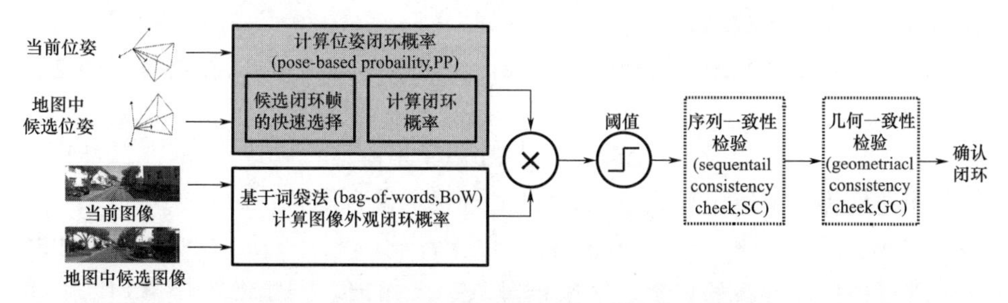

图 5.1　结合位姿与外观信息的闭环检测方法框架

图 5.1 中的位姿闭环概率的计算是本书的主要工作,它首先基于当前机器人位姿,对地图中的所有候选闭环帧进行一个快速的阈值过滤,高效地剔除非闭环帧,保留候选闭环帧。然后使用本章所介绍的位姿闭环概率计算方法,根据当前帧与候选闭环帧的位姿关系,计算它们之间的闭环概率。在计算两帧之间的位姿闭环概率时,需要利用到位姿误差模型。本章在非线性优化视觉里程计模型基础上,推导了单帧优化的位姿误差及其增量式累积的计算模型,如 5.2 节所述;然后基于该累积误差,在高斯概率模型下计算了两帧之间的位姿闭环概率,如 5.3 节所述。

5.2　定位误差模型

视觉里程计中的位姿估计是存在误差的,这种误差本质上来源于相机对环境中路标点的观测误差。本节将在相机位姿的非线性优化模型下,推导单帧优化的位姿误差及其增量式累积的计算模型,该位姿误差将作为 5.3 节的位姿闭环概率计算的基础。

5.2.1　位姿优化误差模型

视觉里程计的每一帧的位姿估计都是存在误差的,这种误差可以用模型优化的最终观测残差来估计。当非线性优化方法迭代收敛以后,当前优化得到的位姿误差与观测残差之间的关系,可以根据方差与协方差传播律来表示,即

$$\Sigma_{\xi} = \frac{\partial \boldsymbol{\xi}}{\partial \boldsymbol{e}^{\mathrm{T}}} \cdot \Sigma_{e} \cdot \left(\frac{\partial \boldsymbol{\xi}}{\partial \boldsymbol{e}^{\mathrm{T}}}\right)^{\mathrm{T}} = \frac{\partial \boldsymbol{\xi}}{\partial \boldsymbol{e}^{\mathrm{T}}} \cdot \boldsymbol{W}^{-1} \cdot \left(\frac{\partial \boldsymbol{\xi}}{\partial \boldsymbol{e}^{\mathrm{T}}}\right)^{\mathrm{T}} \tag{5.1}$$

式中:Σ_{ξ} 为优化得到的位姿的协方差矩阵;Σ_{e} 为观测残差的协方差矩阵,即非

线性优化模型中的权重矩阵的逆矩阵。

如式(5.1)所示,求解当前位姿优化误差的关键是求解该最优位姿与当前观测残差之间的导数关系。

根据2.4.1节介绍的高斯牛顿非线性优化求解方法可知,相机位姿的迭代增量为

$$\Delta\boldsymbol{\xi} = -(\boldsymbol{J}^{\mathrm{T}}\boldsymbol{W}\boldsymbol{J})^{-1}\boldsymbol{J}^{\mathrm{T}}\boldsymbol{W}\boldsymbol{e} \tag{5.2}$$

当迭代优化求解过程收敛以后,此时迭代增量为零,即 $\Delta\boldsymbol{\xi} = 0$,可得

$$-(\boldsymbol{J}^{\mathrm{T}}\boldsymbol{W}\boldsymbol{J})^{-1}\boldsymbol{J}^{\mathrm{T}}\boldsymbol{W}\boldsymbol{e} = 0 \tag{5.3}$$

下面根据偏导数的数学定义来推导 $\partial\boldsymbol{\xi}/\partial\boldsymbol{e}^{\mathrm{T}}$ 的形式,并将式(5.3)代入,其计算过程为

$$\begin{aligned}\frac{\partial\boldsymbol{\xi}}{\partial\boldsymbol{e}^{\mathrm{T}}} &= \lim_{\delta e\to 0}\frac{\partial\boldsymbol{\xi}}{\partial\boldsymbol{e}} \\ &= \lim_{\delta e\to 0}\frac{-(\boldsymbol{J}^{\mathrm{T}}\boldsymbol{W}\boldsymbol{J})^{-1}\boldsymbol{J}^{\mathrm{T}}\boldsymbol{W}(\boldsymbol{e}+\delta\boldsymbol{e})}{\delta\boldsymbol{e}}[\text{代入式(5.3)}] \\ &= -(\boldsymbol{J}^{\mathrm{T}}\boldsymbol{W}\boldsymbol{J})^{-1}\boldsymbol{J}^{\mathrm{T}}\boldsymbol{W}\end{aligned} \tag{5.4}$$

将式(5.4)代入式(5.1),可以得到最终的位姿优化协方差矩阵形式,即

$$\begin{aligned}\boldsymbol{\Sigma}_{\xi} &= -(\boldsymbol{J}^{\mathrm{T}}\boldsymbol{W}\boldsymbol{J})^{-1}\boldsymbol{J}^{\mathrm{T}}\boldsymbol{W}\cdot\boldsymbol{W}^{-1}\cdot(-(\boldsymbol{J}^{\mathrm{T}}\boldsymbol{W}\boldsymbol{J})^{-1}\boldsymbol{J}^{\mathrm{T}}\boldsymbol{W})^{\mathrm{T}} \\ &= (\boldsymbol{J}^{\mathrm{T}}\boldsymbol{W}\boldsymbol{J})^{-1}\end{aligned} \tag{5.5}$$

该位姿优化协方差矩阵描述了单帧位姿估计的误差情况,对于增量式视觉里程计而言,每一帧的位姿优化误差都会累积到下一帧。因此需要将每一帧的位姿优化误差进行增量式累加,才能得到当前机器人的累积定位误差。

5.2.2 累积位姿误差模型

本节使用增量式递推方法求解当前位姿的累积误差模型。假设前一帧的相机位姿为 $\boldsymbol{\xi}_1$,其累积的协方差矩阵为 $\boldsymbol{\Sigma}_1$。当视觉里程计获得新的一帧图像后,通过优化得到的位姿变换为 $\boldsymbol{\xi}_{21}$,协方差矩阵为 $\boldsymbol{\Sigma}_{21}$。设增量积累后的当前帧的相机位姿为 $\boldsymbol{\xi}_2$,累积的协方差矩阵为 $\boldsymbol{\Sigma}_2$。根据方差与协方差传播律,可以得到累计误差的传递关系为

$$\boldsymbol{\Sigma}_2 = \frac{\partial\boldsymbol{\xi}_2}{\partial\boldsymbol{\xi}_{21}^{\mathrm{T}}}\cdot\boldsymbol{\Sigma}_{21}\cdot\left(\frac{\partial\boldsymbol{\xi}_2}{\partial\boldsymbol{\xi}_{21}^{\mathrm{T}}}\right)^{\mathrm{T}} + \frac{\partial\boldsymbol{\xi}_2}{\partial\boldsymbol{\xi}_1^{\mathrm{T}}}\cdot\boldsymbol{\Sigma}_1\cdot\left(\frac{\partial\boldsymbol{\xi}_2}{\partial\boldsymbol{\xi}_1^{\mathrm{T}}}\right)^{\mathrm{T}} \tag{5.6}$$

从式(5.6)中可以看出,求解当前位姿的累积误差需要求解两个偏导数关系:当前位姿与上一帧位姿之间的偏导数关系,即 $\partial\boldsymbol{\xi}_2/\partial\boldsymbol{\xi}_1^{\mathrm{T}}$;和当前位姿与两帧之间的优化位姿增量的偏导数关系,即 $\partial\boldsymbol{\xi}_2/\partial\boldsymbol{\xi}_{21}^{\mathrm{T}}$。下面将对这两个偏导关系进

行推导。

根据李代数运算法则,相机位姿的增量计算关系为

$$\exp\boldsymbol{\xi}_2^{\wedge} = \exp\boldsymbol{\xi}_{21}^{\wedge}\exp\boldsymbol{\xi}_1^{\wedge} \tag{5.7}$$

为方便公式推导,首先将式(5.7)从 SE3 空间转化到 SO3 空间,记 $\boldsymbol{\xi}_1 = [\phi_1\ \boldsymbol{\rho}_1]$, $\boldsymbol{\xi}_2 = [\phi_2\ \boldsymbol{\rho}_2]$, $\boldsymbol{\xi}_{21} = [\phi_{21}\ \boldsymbol{\rho}_{21}]$,其中 $\phi_* \in \mathfrak{so}(3)$, $\boldsymbol{\rho}_* \in \mathbb{R}^3$。则式(5.7)可以写为

$$\begin{bmatrix} \exp\phi_2^{\wedge} & \boldsymbol{J}_{l2}\boldsymbol{\rho}_2 \\ 0 & 1 \end{bmatrix} = \begin{bmatrix} \exp\phi_{21}^{\wedge} & \boldsymbol{J}_{l21}\boldsymbol{\rho}_{21} \\ 0 & 1 \end{bmatrix} \begin{bmatrix} \exp\phi_1^{\wedge} & \boldsymbol{J}_{l1}\boldsymbol{\rho}_1 \\ 0 & 1 \end{bmatrix} \tag{5.8}$$

式中: $\boldsymbol{J}_{l*}$ 为 ϕ_* 的左雅可比矩阵,如式(2.22)所示。

进一步将式(5.8)中的矩阵展开,得

$$\exp\phi_2^{\wedge} = \exp\phi_{21}^{\wedge}\exp\phi_1^{\wedge} \tag{5.9a}$$

$$\boldsymbol{J}_{l2}\boldsymbol{\rho}_2 = \exp\phi_{21}^{\wedge}\boldsymbol{J}_{l1}\boldsymbol{\rho}_1 + \boldsymbol{J}_{l21}\boldsymbol{\rho}_{21} \tag{5.9b}$$

下面将基于式(5.9)推导 $\partial\boldsymbol{\xi}_2/\partial\boldsymbol{\xi}_{21}^{\mathrm{T}}$ 和 $\partial\boldsymbol{\xi}_2/\partial\boldsymbol{\xi}_1^{\mathrm{T}}$ 的形式,即求解式(5.10)的形式。

$$\frac{\partial\boldsymbol{\xi}_2}{\partial\boldsymbol{\xi}_1^{\mathrm{T}}} = \begin{bmatrix} \dfrac{\partial\phi_2}{\partial\phi_1^{\mathrm{T}}} & \dfrac{\partial\phi_2}{\partial\rho_1^{\mathrm{T}}} \\ \dfrac{\partial\rho_2}{\partial\phi_1^{\mathrm{T}}} & \dfrac{\partial\rho_2}{\partial\rho_1^{\mathrm{T}}} \end{bmatrix}, \frac{\partial\boldsymbol{\xi}_2}{\partial\boldsymbol{\xi}_{21}^{\mathrm{T}}} = \begin{bmatrix} \dfrac{\partial\phi_2}{\partial\phi_{21}^{\mathrm{T}}} & \dfrac{\partial\phi_2}{\partial\rho_{21}^{\mathrm{T}}} \\ \dfrac{\partial\rho_2}{\partial\phi_{21}^{\mathrm{T}}} & \dfrac{\partial\rho_2}{\partial\rho_{21}^{\mathrm{T}}} \end{bmatrix} \tag{5.10}$$

对于式(5.9a),假设前后两帧之间的位姿变化不大,这种假设对于增量式视觉里程计而言是合理的。则根据式(2.23)得到其一阶近似为

$$\phi_2 = (\ln(\exp\phi_{21}^{\wedge}\exp\phi_1^{\wedge}))^{\vee} \approx \phi_1 + \boldsymbol{J}_{l1}^{-1}\phi_{21} \tag{5.11}$$

于是显然有

$$\frac{\partial\phi_2}{\partial\phi_1^{\mathrm{T}}} = \boldsymbol{I} + \frac{\partial\boldsymbol{J}_{l1}^{-1}\phi_{21}}{\partial\phi_1^{\mathrm{T}}}, \frac{\partial\phi_2}{\partial\phi_{21}^{\mathrm{T}}} = \boldsymbol{J}_{l1}^{-1}, \frac{\partial\phi_2}{\partial\rho_1^{\mathrm{T}}} = 0, \frac{\partial\phi_2}{\partial\boldsymbol{\rho}_{21}^{\mathrm{T}}} = \boldsymbol{0} \tag{5.12}$$

对于 $\dfrac{\partial\phi_2}{\partial\phi_1^{\mathrm{T}}}$ 中的 $\dfrac{\partial\boldsymbol{J}_{l1}^{-1}\phi_{21}}{\partial\phi_1^{\mathrm{T}}}$,将 ϕ_1 写成方向与大小的形式,即 $\phi_1 = \phi_1\boldsymbol{a}_1$,则根据式(2.22)可以计算 $\dfrac{\partial\boldsymbol{J}_{l1}^{-1}\phi_{21}}{\partial\phi_1^{\mathrm{T}}}$,如式(5.13)所示,并将结果记为 $\boldsymbol{M}_1$。

$$\begin{aligned} \frac{\partial\boldsymbol{J}_{l1}^{-1}\phi_{21}}{\partial\phi_1^{\mathrm{T}}} &= \frac{\partial\boldsymbol{J}_{l1}^{-1}}{\partial\phi_1^{\mathrm{T}}}\cdot\phi_{21}\frac{\partial\phi_1}{\partial\phi_1^{\mathrm{T}}} \\ &= \left(\left(\frac{1}{2}\cot\frac{\phi_1}{2} + \frac{\phi_1}{4}\frac{-1}{\sin^2\dfrac{\phi_1}{2}}\right)(\boldsymbol{I} - \boldsymbol{a}_1\boldsymbol{a}_1^{\mathrm{T}}) - \frac{1}{2}\boldsymbol{a}_1^{\wedge}\right)\cdot\phi_{21}\frac{1}{\phi_1}\phi_1^{\mathrm{T}} \\ &:= \boldsymbol{M}_1 \end{aligned} \tag{5.13}$$

对式(5.9b)进行整理,得

$$\boldsymbol{\rho}_2 = \boldsymbol{J}_{l2}^{-1}(\exp\phi_{21}^{\wedge}\boldsymbol{J}_{l1}\boldsymbol{\rho}_1 + \boldsymbol{J}_{l21}\boldsymbol{\rho}_{21}) \tag{5.14}$$

于是显然有

$$\begin{cases} \dfrac{\partial\boldsymbol{\rho}_2}{\partial\phi_1^{\mathrm{T}}} = \mathbf{0}, \dfrac{\partial\boldsymbol{\rho}_2}{\partial\boldsymbol{\rho}_1^{\mathrm{T}}} = \boldsymbol{J}_{l2}^{-1}\exp\phi_{21}^{\wedge}, \boldsymbol{J}_{l1}, \dfrac{\partial\boldsymbol{\rho}_2}{\partial\boldsymbol{\rho}_{21}^{\mathrm{T}}} = \boldsymbol{J}_{l2}^{-1}\boldsymbol{J}_{l21} \\ \dfrac{\partial\boldsymbol{\rho}_2}{\partial\phi_{21}^{\mathrm{T}}} = \boldsymbol{J}_{l2}^{-1}\left(\dfrac{\partial\exp\phi_{21}^{\wedge}\boldsymbol{J}_{l1}\boldsymbol{\rho}_1}{\partial\phi_{21}^{\mathrm{T}}} + \dfrac{\partial\boldsymbol{J}_{l21}\boldsymbol{\rho}_{21}}{\partial\phi_{21}^{\mathrm{T}}}\right) \end{cases} \tag{5.15}$$

对于 $\dfrac{\partial\boldsymbol{\rho}_2}{\partial\phi_{21}^{\mathrm{T}}}$ 的第二部分,可以参考式(5.13)的计算方法,同样将 ϕ_{21} 写成方向与大小的形式,即 $\boldsymbol{\phi}_{21} = \phi_{21}\boldsymbol{a}_{21}$,则有

$$\frac{\partial\boldsymbol{J}_{l21}\boldsymbol{\rho}_{21}}{\partial\boldsymbol{\phi}_{21}^{\mathrm{T}}} = \left(\frac{\phi_{21}\cos\phi_{21} - \sin\phi_{21}}{\phi_{21}^2}(\boldsymbol{I} + \boldsymbol{a}_{21}\boldsymbol{a}_{21}^{\mathrm{T}}) + \frac{\phi_{21}\sin\phi_{21} - 1 + \cos\phi_{21}}{\phi_{21}^2}\boldsymbol{a}_{21}^{\wedge}\right) \cdot \boldsymbol{\rho}_{21} \frac{1}{\phi_{21}}\boldsymbol{\phi}_{21}^{\mathrm{T}}$$
$$:= \boldsymbol{M}_2 \tag{5.16}$$

对于 $\dfrac{\partial\boldsymbol{\rho}_2}{\partial\phi_{21}^{\mathrm{T}}}$ 的第一部分进行求解:

$$\begin{aligned} \frac{\partial\exp\phi_{21}^{\wedge}J_{l1}\rho_1}{\partial\phi_{21}^{\mathrm{T}}} &= \lim_{\delta\phi_{21}\to 0}\frac{1}{\delta\phi_{21}}(\exp(\phi_{21} + \partial\phi_{21})^{\wedge}\boldsymbol{J}_{l1}\boldsymbol{\rho}_1 - \exp\phi_{21}^{\wedge}\boldsymbol{J}_{l1}\boldsymbol{\rho}_1)\,[\text{根据式(2.21)}] \\ &= \lim_{\delta\phi_{21}\to 0}\frac{1}{\delta\phi_{21}}(\exp(\boldsymbol{J}_{l21}\partial\phi_{21})^{\wedge}\exp\phi_{21}^{\wedge}\boldsymbol{J}_{l1}\boldsymbol{\rho}_1 - \exp\phi_{21}^{\wedge}\boldsymbol{J}_{l1}\boldsymbol{\rho}_1) \\ &= \lim_{\delta\phi_{21}\to 0}\frac{1}{\delta\phi_{21}}(\exp(\boldsymbol{J}_{l21}\partial\phi_{21})^{\wedge} - \boldsymbol{I})\exp\phi_{21}^{\wedge}\boldsymbol{J}_{l1}\boldsymbol{\rho}_1 \\ &= \lim_{\delta\phi_{21}\to 0}\frac{1}{\delta\phi_{21}}(\boldsymbol{J}_{l21}\delta\phi_{21})^{\wedge}\exp\phi_{21}^{\wedge}\boldsymbol{J}_{l1}\boldsymbol{\rho}_1 \quad (\text{指数函数一阶泰勒展开}) \\ &= \lim_{\delta\phi_{21}\to 0}\frac{1}{\delta\phi_{21}}(\exp\phi_{21}^{\wedge}\boldsymbol{J}_{l1}\boldsymbol{\rho}_1)^{\wedge}\boldsymbol{J}_{l21}\delta\phi_{21} \quad [\text{根据式(2.17)}] \\ &= -(\exp\phi_{21}^{\wedge}\boldsymbol{J}_{l1}\boldsymbol{\rho}_1)^{\wedge}\boldsymbol{J}_{l21} \\ &:= M_3 \end{aligned} \tag{5.17}$$

综上,将式(5.13)代入式(5.13),将式(5.16)和式(5.17)代入式(5.15),并最终代入式(5.10),得到位姿之间的偏导矩阵,即

$$\frac{\partial\boldsymbol{\xi}_2}{\partial\boldsymbol{\xi}_1^{\mathrm{T}}} = \begin{bmatrix} \dfrac{\partial\phi_2}{\partial\phi_1^{\mathrm{T}}} & \dfrac{\partial\phi_2}{\partial\rho_1^{\mathrm{T}}} \\ \dfrac{\partial\rho_2}{\partial\phi_1^{\mathrm{T}}} & \dfrac{\partial\rho_2}{\partial\rho_1^{\mathrm{T}}} \end{bmatrix} = \begin{bmatrix} \boldsymbol{I}+\boldsymbol{M}_1 & \mathbf{0} \\ \mathbf{0} & \boldsymbol{J}_{l2}^{-1}\exp\phi_{21}^{\wedge}\boldsymbol{J}_{l1} \end{bmatrix} \tag{5.18a}$$

$$\frac{\partial \boldsymbol{\xi}_2}{\partial \boldsymbol{\xi}_{21}^{\mathrm{T}}}=\begin{bmatrix}\dfrac{\partial \phi_2}{\partial \phi_{21}^{\mathrm{T}}} & \dfrac{\partial \phi_2}{\partial \rho_{21}^{\mathrm{T}}}\\ \dfrac{\partial \rho_2}{\partial \phi_{21}^{\mathrm{T}}} & \dfrac{\partial \rho_2}{\partial \rho_{21}^{\mathrm{T}}}\end{bmatrix}=\begin{bmatrix}\boldsymbol{J}_{l1}^{-1} & \boldsymbol{0}\\ \boldsymbol{J}_{l2}^{-1}(\boldsymbol{M}_2+\boldsymbol{M}_3) & \boldsymbol{J}_{l2}^{-1}\boldsymbol{J}_{l21}\end{bmatrix} \tag{5.18b}$$

利用式(5.18)和式(5.6),即可以计算当前位姿的累积协方差矩阵。

值得指出的是,当机器人 SLAM 检测到闭环后,机器人在两次经过该场景期间的定位积累误差会被消除,此时的位姿协方差矩阵也要进行修正。由于通过闭环来消除定位累计误差的过程,等价于机器人在当前场景中的重定位过程,因此闭环后的位姿协方差矩阵将以上一次经过该场景时的位姿协方差矩阵为初值,开始重新增量式积累。

5.3 闭环概率模型

本节将使用 5.2 节所推导的相机位姿协方差矩阵,在高斯概率模型假设下计算两个任意位置之间的闭环概率。

5.3.1 非候选闭环帧的滤除

为了提高闭环检测过程的效率,对于地图中的所有闭环候选帧可以经过简单的阈值判断,实现对非闭环帧的快速剔除。这种在线计算一个置信区间来筛选候选闭环帧的思想来源于传统基于图像外观的闭环检测方法。由于随着机器人的运动,地图的规模不断增长,因此闭环检测遍历一次整个地图数据库的计算复杂度也线性增加。传统基于外观的闭环检测方法,为了快速地从地图中筛选可能的候选闭环帧,广泛使用了基于 TF-IDF(term frequency-inverse document frequency)的检索方法[72-73]。该方法无须进行复杂的闭环概率计算过程,通过简单的判断条件即可快速地剔除大量非闭环帧,提高整体闭环检测的效率。

本节基于视觉里程计的位姿约束关系,设计了一种非候选闭环图像的滤除方法。通过设置一个阈值,当两帧之间的位姿关系小于这个阈值时才有可能构成闭环,大于这个阈值则一定不具有闭环关系。这个闭环阈值取决于两个关键因素:一是当前位姿估计的误差大小;二是两个位姿之间是否具有共视关系。

由于视觉里程计存在累计的定位误差,因此当机器人经过一段运动后重新回到某一闭环位置时,视觉里程计的输出定位结果不会与该闭环位姿相同。而且视觉里程计的定位误差越大,二者位姿的偏差也越大。因此,用于判断闭环的阈值区间必须随着定位误差的增大而增大。

反过来,如果视觉里程计的定位误差为$\mathbf{0}$,那么位姿完全相同的两帧必然是闭环的。而位姿不同的两帧仍然可能是闭环的,这是因为相机可以在两个不同的位姿下对同一场景采集图像,得到外观相近的两幅图像,此时两幅图像代表了同一个场景,这两帧也是闭环关系。这种具有不同位姿但是表示同一场景的两幅图像,称它们具有共视关系(covisibility),或者简称这两个位姿具有共视关系。因此,用于判断闭环的阈值区间必须引入共视关系的约束。

首先考虑视觉里程计的位姿估计误差对闭环检测的影响。根据5.2节所计算的相机位姿协方差矩阵,可以建模当前位姿的空间概率分布模型。假设位姿的概率分布满足高斯模型,设当前位姿为$\hat{\boldsymbol{\xi}}_i$及其协方差矩阵为Σ_i,则当前位姿的概率密度函数为

$$\rho_{\hat{\xi}_i,\Sigma_i}(\boldsymbol{\xi}_i)=\frac{1}{(2\pi)^{\dim/2}\,|\Sigma_i|^{1/2}}\exp\left(-\frac{1}{2}(\boldsymbol{\xi}_i-\hat{\boldsymbol{\xi}}_i)^{\mathrm{T}}\Sigma_i^{-1}(\boldsymbol{\xi}_i-\hat{\boldsymbol{\xi}}_i)\right) \tag{5.19}$$

式中:dim为变量$\boldsymbol{\xi}$的维数,即dim=6。

本节设置一个概率阈值为95%,则根据高斯积分函数查表可知(见附录),当前位姿的置信区间为$[\hat{\boldsymbol{\xi}}_i-1.96\boldsymbol{\sigma}_i,\hat{\boldsymbol{\xi}}_i+1.96\boldsymbol{\sigma}_i]$,其中$\boldsymbol{\sigma}_i$是六维的位姿标准差,即位姿协方差矩阵$\Sigma_i$的对角元素的平方根。

除了这个位姿置信区间,还需要考虑共视关系对闭环检测的影响。能够实现对同一场景进行观测的所有位姿都具有共视关系,也就是说,对于一个已知的空间位姿,所有与其具有共视关系的位姿在空间中形成了一个连续的分布,以该位姿为中心,距离它越近则越有可能与其具有共视关系,距离它越远则越不可能与其具有共视关系。本节使用所有共视帧的相对位姿的协方差矩阵来描述这种共视关系,即

$$\Sigma_{co}=\frac{1}{n}\sum_{i=1}^{n}\boldsymbol{\xi}_{co,i}\boldsymbol{\xi}_{co,i}^{\mathrm{T}} \tag{5.20}$$

式中:$\boldsymbol{\xi}_{co,i}$为任意具有共视关系的两帧之间的相对位姿关系。值得注意的是,在实际视觉SLAM中,只有当两帧图像观测到了足够数量的相同路标点,才认为它们具有共视关系。也只有当它们观测到了足够数量的路标点,将它们作为一个闭环时,才能通过位姿优化方法来求取闭环后的位姿,达到闭环的目的。

在视觉SLAM的过程中,记录下每对具有共视关系的两帧之间的位姿变换,用于式(5.20)中Σ_{co}的计算。但是考虑到计算复杂度的问题,并不会对每一帧图像都进行处理,而是只选择一些具有代表性的关键帧用于计算Σ_{co}。这种关键帧技术被广泛使用于视觉SLAM方法中,关键帧之间的共视关系可以直接在视觉SLAM方法中获取,不会对整体系统增加任何的额外负担。

另外，随着视觉 SLAM 的进行，关键帧数量逐渐增加，因此需要对 $\boldsymbol{\Sigma}_{co}$ 进行增量式的更新，而非完全的重新计算。$\boldsymbol{\Sigma}_{co}$ 的增量式更新与一般的增量式协方差矩阵计算过程相同，即

$$\boldsymbol{\Sigma}'_{co} = \frac{1}{n+k}\left(n\boldsymbol{\Sigma}_{co} + \sum_{i=1}^{k}\boldsymbol{\xi}_{co,i}\boldsymbol{\xi}_{co,i}^{\mathrm{T}}\right) \tag{5.21}$$

最后可以将共视协方差矩阵 $\boldsymbol{\Sigma}_{co}$，引入位姿置信区间中，得到位姿约束与共视约束的闭环置信区间，即

$$\boldsymbol{r}_p := [\hat{\boldsymbol{\xi}}_i - 1.96\boldsymbol{\sigma}_i - 1.96\boldsymbol{\sigma}_{co}, \hat{\boldsymbol{\xi}}_i + 1.96\boldsymbol{\sigma}_i + 1.96\boldsymbol{\sigma}_{co}] \tag{5.22}$$

式中：$\boldsymbol{\sigma}_{co}$ 为六维的共视标准差，即共视协方差矩阵 $\boldsymbol{\Sigma}_{co}$ 的对角元素的平方根。只有当地图中的某一帧的位姿满足该区间约束时，才认为它是候选闭环帧；否则将它作为非候选闭环帧滤除。

上述非候选闭环帧的滤除操作与 TF-IDF 方法类似，都是缩小闭环检测搜索范围的一种简单高效的手段，这两种方法都将在闭环检测的最初阶段来执行。只有那些同时满足上诉两个阶段筛选的地图帧，才会被作为候选闭环帧参与后续的位姿闭环概率的计算和外观闭环概率的计算，以提高整体算法的运行效率。

5.3.2　候选帧闭环概率的计算

如 5.3.1 节所述，判断闭环的两个关键因素是当前位姿的协方差矩阵 $\boldsymbol{\Sigma}_i$ 和共视协方差矩阵 $\boldsymbol{\Sigma}_{co}$，只有当某一帧在位姿误差约束下，同时与另一帧具有共视关系，才能将它们认定为是一个闭环。

根据边缘概率模型，两帧之间同时满足位姿协方差矩阵约束和共视协方差矩阵约束的概率为

$$p_j(\mathrm{Loop}) = p_j(\mathrm{Covis}) = \int_{-\infty}^{\infty} p_{\hat{\boldsymbol{\xi}}_j,\boldsymbol{\Sigma}_{co}}(\mathrm{Covis}\mid\boldsymbol{\xi}) \cdot \rho_{\hat{\boldsymbol{\xi}}_i,\boldsymbol{\Sigma}_i}(\boldsymbol{\xi}) \cdot \mathrm{d}\boldsymbol{\xi} \tag{5.23}$$

式中：p_* 为概率值；ρ_* 为概率密度。$p_{\hat{\boldsymbol{\xi}}_j,\boldsymbol{\Sigma}_{co}}(\mathrm{Covis}\mid\boldsymbol{\xi})$ 为 $\hat{\boldsymbol{\xi}}_j$ 与 $\boldsymbol{\xi}$ 具有共视关系的概率；$\rho_{\hat{\boldsymbol{\xi}}_i,\boldsymbol{\Sigma}_i}(\boldsymbol{\xi})$ 为 $\boldsymbol{\xi}$ 的概率分布密度函数，如式(5.19)所示。

根据贝叶斯法则：$P(A\mid B) = P(B\mid A)P(A)/P(B)$ 可知，共视的条件概率与位姿的条件概率密度成正比关系，即

$$p_i(\mathrm{Covis}\mid\boldsymbol{\xi}) = c_1\rho_j(\boldsymbol{\xi}\mid\mathrm{Covis}) \tag{5.24}$$

式中：c_1 为一个归一化常数项；$\rho_j(\boldsymbol{\xi}\mid\mathrm{Covis})$ 为 $\boldsymbol{\xi}$ 的共视概率密度函数。将 $\rho_j(\boldsymbol{\xi}\mid\mathrm{Covis})$ 按照高斯分布模型代入式(5.24)，可得

$$p_j(\mathrm{Covis}\mid\boldsymbol{\xi}) = \frac{c_1}{(2\pi)^3\,|\boldsymbol{\Sigma}_{co}|^{\frac{1}{2}}}\exp\left(-\frac{1}{2}(\boldsymbol{\xi}-\hat{\boldsymbol{\xi}}_j)^{\mathrm{T}}\boldsymbol{\Sigma}_i^{-1}(\boldsymbol{\xi}-\hat{\boldsymbol{\xi}}_j)\right) \tag{5.25}$$

对于其中的归一化常数项 c_1，考虑到当两个位姿完全相等时，它们一定是共视的，即 $p_j(\text{Covis} \mid \boldsymbol{\xi}=\hat{\boldsymbol{\xi}}_j)=1$，最终可以得到共视概率为

$$p_j(\text{Covis} \mid \boldsymbol{\xi}) = \exp\left(-\frac{1}{2}(\boldsymbol{\xi}-\hat{\boldsymbol{\xi}}_j)^{\mathrm{T}}\Sigma_i^{-1}(\boldsymbol{\xi}-\hat{\boldsymbol{\xi}}_j)\right) \tag{5.26}$$

最后，将位姿概率密度公式[式(5.19)]和共视概率公式[式(5.26)]代入闭环概率公式[式(5.23)]，得

$$\begin{aligned}
p_j(\text{Loop}) &= \int_{-\infty}^{\infty} p_j(\text{Covis} \mid \boldsymbol{\xi}) \cdot \boldsymbol{\rho}_{\hat{\xi}_i,\Sigma_i}(\boldsymbol{\xi}) \cdot \mathrm{d}\boldsymbol{\xi} \\
&= \int_{-\infty}^{\infty} \left\{ \exp\left(-\frac{1}{2}(\boldsymbol{\xi}-\hat{\boldsymbol{\xi}})^{\mathrm{T}}\Sigma_{co}^{-1}(\boldsymbol{\xi}-\hat{\boldsymbol{\xi}}_j)\right) \frac{1}{8\pi^3 \left|\Sigma_i\right|^{\frac{1}{2}}} \right. \\
&\qquad \left. \exp\left(-\frac{1}{2}(\boldsymbol{\xi}-\hat{\boldsymbol{\xi}}_i)^{\mathrm{T}}\Sigma_i^{-1}(\boldsymbol{\xi}-\hat{\boldsymbol{\xi}}_i)\right) \right\} \mathrm{d}\boldsymbol{\xi} \\
&= \frac{1}{8\pi^3 \left|\Sigma_i\right|^{\frac{1}{2}}} \int_{-\infty}^{\infty} \exp\left\{ -\frac{1}{2}(\boldsymbol{\xi}-\hat{\boldsymbol{\xi}}_j)^{\mathrm{T}}\Sigma_{co}^{-1}(\boldsymbol{\xi}-\hat{\boldsymbol{\xi}}_j) - \right. \\
&\qquad \left. \frac{1}{2}(\boldsymbol{\xi}-\hat{\boldsymbol{\xi}}_i)^{\mathrm{T}}\Sigma_i^{-1}(\boldsymbol{\xi}-\hat{\boldsymbol{\xi}}) \right\} \mathrm{d}\boldsymbol{\xi}
\end{aligned} \tag{5.27}$$

记 $\boldsymbol{A}=\Sigma_{co}^{-1}+\Sigma_i^{-1}$，$\boldsymbol{b}=\boldsymbol{A}^{-1}(\Sigma_{co}^{-1}\hat{\boldsymbol{\xi}}_j+\Sigma_i^{-1}\hat{\boldsymbol{\xi}}_i)$，同时考虑到 Σ_{ij} 和 Σ_{co} 是对称矩阵，则式[5.27]可以整理为

$$\begin{aligned}
p_j(\text{Loop}) &= \frac{1}{8\pi^3 \left|\Sigma_i\right|^{\frac{1}{2}}} \int_{-\infty}^{\infty} \exp\left\{ -\frac{1}{2}(\boldsymbol{\xi}-\boldsymbol{b})^{\mathrm{T}}\boldsymbol{A}(\boldsymbol{\xi}-\boldsymbol{b}) + \frac{1}{2}\boldsymbol{b}^{\mathrm{T}}\boldsymbol{A}\boldsymbol{b} - \right. \\
&\qquad \left. \frac{1}{2}\hat{\boldsymbol{\xi}}_j^{\mathrm{T}}\Sigma_{co}^{-1}\hat{\boldsymbol{\xi}}_j - \frac{1}{2}\hat{\boldsymbol{\xi}}_i^{\mathrm{T}}\Sigma_i^{-1}\hat{\boldsymbol{\xi}}_i \right\} \mathrm{d}\boldsymbol{\xi} \\
&= \frac{\exp\left\{ \frac{1}{2}\boldsymbol{b}^{\mathrm{T}}\boldsymbol{A}\boldsymbol{b} - \frac{1}{2}\hat{\boldsymbol{\xi}}_j^{\mathrm{T}}\Sigma_{co}^{-1}\hat{\boldsymbol{\xi}}_j - \frac{1}{2}\hat{\boldsymbol{\xi}}_i^{\mathrm{T}}\Sigma_i^{-1}\hat{\boldsymbol{\xi}}_i \right\}}{8\pi^3 \left|\Sigma_i\right|^{\frac{1}{2}}} \\
&\qquad \int_{-\infty}^{\infty} \exp\left\{ -\frac{1}{2}(\boldsymbol{\xi}-\boldsymbol{b})^{\mathrm{T}}\boldsymbol{A}(\boldsymbol{\xi}-\boldsymbol{b}) \right\} \mathrm{d}\boldsymbol{\xi} \\
&= \frac{\exp\left\{ \frac{1}{2}\boldsymbol{b}^{\mathrm{T}}\boldsymbol{A}\boldsymbol{b} - \frac{1}{2}\hat{\boldsymbol{\xi}}_j^{\mathrm{T}}\Sigma_{co}^{-1}\hat{\boldsymbol{\xi}}_j - \frac{1}{2}\hat{\boldsymbol{\xi}}_i^{\mathrm{T}}\Sigma_i^{-1}\hat{\boldsymbol{\xi}}_i \right\}}{8\pi^3 \left|\Sigma_i\right|^{\frac{1}{2}}} (2\pi)^3 \left|\boldsymbol{A}^{-1}\right|^{\frac{1}{2}} \\
&= \frac{\left|\boldsymbol{A}^{-1}\right|^{\frac{1}{2}}}{\left|\Sigma_i\right|^{\frac{1}{2}}} \exp\left\{ \frac{1}{2}\boldsymbol{b}^{\mathrm{T}}\boldsymbol{A}\boldsymbol{b} - \frac{1}{2}\hat{\boldsymbol{\xi}}_j^{\mathrm{T}}\Sigma_{co}^{-1}\hat{\boldsymbol{\xi}}_j - \frac{1}{2}\hat{\boldsymbol{\xi}}_i^{\mathrm{T}}\Sigma_i^{-1}\hat{\boldsymbol{\xi}}_i \right\}
\end{aligned} \tag{5.28}$$

式(5.28)即为任意两帧之间的位姿闭环概率。通过将它与基于图像外观的闭环概率相结合,即可以得到位姿与外观信息相结合的闭环检测方法。

5.4 位姿与外观闭环检测

将 5.3 节所述位姿闭环概率与现有成熟的基于图像外观的闭环概率相结合,再引入序列一致性检验与几何一致性检验,即可构建完整的位姿与外观闭环检测方法。其中,基于外观的闭环概率方法并不局限于某一种特定方法,只要它能够将闭环检测结果用概率的形式表示,即可被本书框架所使用。本节以目前使用最广泛的词汇袋方法为例进行介绍。

5.4.1 基于词汇袋的闭环概率

基于图像外观的闭环检测,本质上是比较两幅图像之间的相似性,目前用于比较图像相似性方法中,主要是比较两幅图像是否具有大量的相似视觉特征,以词汇袋方法为代表[59-60];另外随着机器学习技术的发展,基于机器学习的图像外观相似性检测方法也随之出现[66-68]。但是由于其计算量较大和技术成熟度不高,目前仍处于进一步研究状态,未被广泛应用。

词汇袋方法包含离线训练、在线生成词汇袋向量和计算词汇袋相似性 3 个方面的工作。

在离线训练阶段,首先准备大量不同场景的图像,在图像中提取视觉特征,组成视觉特征集,要求该视觉特征集尽可能的包含实际应用中的各种场景。然后对视觉特征集使用 K 均值聚类方法,将所有的视觉特征映射到 n 个类别,每个类别则被称为一个视觉单词。因此,一个视觉单词实际上代表了一类视觉特征。使用 KD 树结构对所有视觉单词进行有序组织,称为视觉词典。该视觉词典具有快速检索的功能,这个过程本质上是 K 均值方法的分类过程。利用树形结构的快速索引功能,任意一个视觉特征都可以在视觉词典中快速地找到与之对应的视觉单词,用一个单词编号来表示。

当在线生成 BoW 向量时,首先对输入图像进行特征提取,然后将提取的每个特征向量都在视觉词典中进行检索并生成对应的视觉单词,这些视觉单词的集合称为一个视觉词汇袋,用来表示这个输入图像的外观信息。由于词汇袋中的单词是使用一个单词编号来表示的,而单词的总类别是 n ,因此,一个词汇袋中的所有单词可以根据单词编号进行直方图统计,并表示成一个 n 维向量形式。向量中的第 i 个值即表示图像中所包含编号为 i 的单词的数量。最后对该向量进行归一化,称为 BoW 向量。该 BoW 向量描述了图像中的视觉单词分布情况,而两幅图像之间的相似性则可以根据它们的 BoW 向量之间的相似性进行比较。

在计算 BoW 相似性时,一般使用 $\ell 1$ 范数来度量两个 BoW 向量之间的距离。假设两幅图像的 BoW 向量分别为 $\boldsymbol{v}$ 和 $\boldsymbol{w}$,则它们的 $\ell 1$ 范数下的向量距离为

$$\| \boldsymbol{v} - \boldsymbol{w} \|_1 = \sum_{i=0}^{n} |v_i - w_i| \tag{5.29}$$

利用 BoW 向量之间的距离来计算两幅图像之间的相似性,考虑到 $\| \boldsymbol{v}-\boldsymbol{w} \|_1 \in [0,2]$,得到相似性计算公式为

$$s := 1 - 0.5 \| v - w \|_1, s \in [0,1] \tag{5.30}$$

由于 $s \in [0,1]$,因此该图像相似性表示两幅图像表示同一场景的概率,即外观闭环概率。

最后将该外观闭环概率与位姿闭环概率相结合,得到联合闭环概率。

$$p_{pa} = p_p \cdot s \tag{5.31}$$

5.4.2 序列一致性检验与几何一致性检验

序列一致性检验与几何一致性检验是在传统基于图像外观的闭环检测方法中所常用的方法。这两种方法都是检验方法,而非闭环检测方法,这是因为它们需要以其他闭环检测方法的检测结果为前提,对检测结果进行进一步的筛选和提纯,剔除错误的闭环检测结果。在本章所介绍的位姿与外观闭环检测方法中也可以使用这两种一致性检验方法,来提高整个闭环检测方法的性能。

序列一致性检验是基于图像序列的连续性假设的一致性检验方法,即认为视觉 SLAM 所使用的图像是随着机器人的连续运动而获取的,相邻几帧的图像内容变化不大。因此当机器人重新回到曾经经过的某一地点时,会有连续多帧的图像与地图中存储的该场景构成闭环。如果闭环检测时仅检测到了孤立的某一帧发生闭环,就认为它是一次误检测。

序列一致性检验的优点是非常高效,几乎不需要任何额外计算,即可实现较好效果的闭环检验。但是序列一致性检验严重依赖于图像的连续性,当机器人运动较快时,相邻几帧的图像内容变化剧烈,很难保证连续多帧的闭环检测结果。特别是对于机器人的原地旋转运动,图像内容变化尤为明显。

几何一致性检验可以看作是对两幅图像之间的坐标变换关系的一次尝试求解过程。在基于图像外观的闭环检测方法中,为了提高计算效率,对两幅图

像的视觉特征进行了信息压缩,使用 BoW 向量来表示全部特征点,是一种牺牲性能换取效率的手段。而几何一致性检验则使用原始的视觉特征数据,对两幅图像进行特征匹配,然后利用特征匹配结果计算所有匹配点对的坐标映射变换。使用 RANSAC 方法迭代求解一个一致变换矩阵,当 RANSAC 方法迭代收敛时,则认为这两幅图像对应同一场景,即完成一次闭环。由于该变换矩阵表示了两幅图像的对应特征点满足一致的几何约束,因此这种方法称为几何一致性检验。

几何一致性检验具有非常优异的闭环检验性能,能够非常精确地剔除错误的闭环结果,保留正确的闭环结果。但是它的计算量也非常大,难以应付大量和频繁的闭环检验任务,因此它将用于闭环检测算法框架的最后一步检验。

5.5　实验对比与分析

本节设计并进行了一系列的实验,来检验位姿与外观闭环检测方法的性能,着重对比分析位姿信息与外观信息的融合相比于传统只使用图像外观方法的性能优势。

本节 5.5.1 节介绍所有实验的实验环境、参数设置和性能评价指标。5.5.2 节对本书的位姿闭环概率计算模型进行仿真实验,定性分析其正确性。5.5.3 节分析了闭环检测的中间结果,即位姿协方差矩阵和共视协方差矩阵。5.5.4 节分析了位姿信息与外观信息在闭环检测中的互补性,证明了位姿信息与外观信息相结合的重要性。5.5.5 节和 5.5.6 节对整个闭环检测系统进行综合评估,包括精确率召回率曲线和实时性分析。

5.5.1　实验环境与设置

(1)实验数据集:本章实验全部是在两个公开的数据集上进行的,分别是 KITTI 数据集[167]和 TUM 数据集[155]。其中,KITTI 数据集是一个室外环境的道路驾驶数据集;TUM 数据集是在室内场景下利用手持 Kinect 相机所采集的。需要指出的是,由于本章的内容是闭环检测方法,因此在两个数据集中仅挑选出具有闭环的图像序列用于实验。共有 6 个图像序列,分别是 KITTI00、KITTI02、KITTI05、KITTI06、TUMfreiburg2desk 和 TUMfreiburg3longoffice。两个数据集都提供了高精度的相机位姿真值,但是并没有提供闭环的真值,因此本书同时根据位姿真值与图像外观,对闭环真值进行人工标注。两个数据集的环境场景和标注的闭环真值示例如图 5.2 所示。

(a) (b)

图 5.2 闭环真值示例
(a)KITTI 数据集;(b)TUM 数据集。

(2)性能指标:精确率与召回率是评价闭环检测性能的常用评价指标。精确率(precision)是指正确检测的闭环结果占总检测结果的比值;召回率(recall)是指正确检测的闭环结果所占数据集中总共存在的闭环数量的比值。对于一个闭环检测方法的检测结果,如果在数据集中存在与之对应的真值,那么这个闭环检测结果被认定为正确闭环,否则是错误闭环。无论是基于本书的方法还是传统基于图像外观的闭环检测方法,在进行闭环检测时都给出了闭环概率,因此方法还需要设置一个概率阈值。这个阈值与方法性能有关,在评价闭环检测性能时,这个阈值将被连续调节,并测试对应的精确率与召回率,最终绘制出精确率与召回率随参数变化的曲线,称为精确率召回率曲线。

(3)软件与硬件环境:位姿与外观闭环检测方法必须依赖于一个视觉里程计才能工作。在 ORB-SLAM2[55] 系统框架下,删除闭环相关功能,只保留其视觉里程计功能。然后将闭环检测方法及其他对比方法分别与该视觉里程计结合,测试所有闭环检测方法的性能。为了保证实验的公平性,视觉里程计将单独运行一次,并保存下所有的视觉里程计状态,然后所有参与实验对比的闭环检测方法都是在这个同样的视觉里程计状态下进行闭环检测,并分析它们的性能指标。位姿与外观闭环检测方法通过 C++编程实现,源代码已经开源。所有的实验均是在一台 2.4GHz 的四核计算机上运行的。

5.5.2 闭环概率仿真

在公开数据集上进行实验之前,首先对基于位姿的闭环概率计算模型进行仿真实验,以分析该算法模型的正确性。

式(5.28)描述了闭环概率与位姿和协方差矩阵之间的数学关系,通过连续变化地调整式(5.28)中的每个变量,可以计算得到闭环概率的对应变化关系。图 5.3 展示了位姿闭环概率分别与位姿和协方差的关系曲线。其中,为了绘制曲线的直观性,将六维位姿 $\boldsymbol{\xi}$ 的连续变化设置为每个分量的同时变化,并将其向量模值用于绘制曲线;六维协方差矩阵 $\boldsymbol{\Sigma}$ 只取其对角线元素,所有元素也是同时变化的,并取模值用于绘制曲线。

在图 5.3(a)中,闭环概率在当前位姿与候选闭环位姿相同时达到最大值。随着二者位姿的差别越来越大,闭环概率越来越低。这说明机器人的当前位姿与地图中的某个位姿越接近,则越有可能是一次闭环;反之,则越不可能是一次闭环。图 5.3(b)展示了当相机的当前位姿与候选闭环位姿相同时,位姿方差对闭环概率的影响情况。当位姿误差为 0 时,由于两个位姿重合,此时它们的闭环概率为 1。随着位姿误差的增大,闭环概率随之减小。这说明虽然当前的位姿与候选闭环位姿重合,但是当前位姿的精度很低,即定位结果不可信,那么这个闭环也不可信。当两个位姿不重合时[图 5.3(c)],情况则要复杂一些。当位姿误差比较小时,说明当前的位姿精确可信,那么两个位姿不重合的结论就更可信,即不相信该闭环;随着位姿误差增大,说明当前的位姿不精确,那么它反而有可能与候选闭环位姿非常接近,构成闭环,但是这个可能性仍然是比较低的,远小于图 5.3(a)和图 5.3(b)的最好情况;当位姿误差继续增大,情况与图 5.3(b)中的情况类似,说明当前位姿非常不可信,闭环概率随之降低。

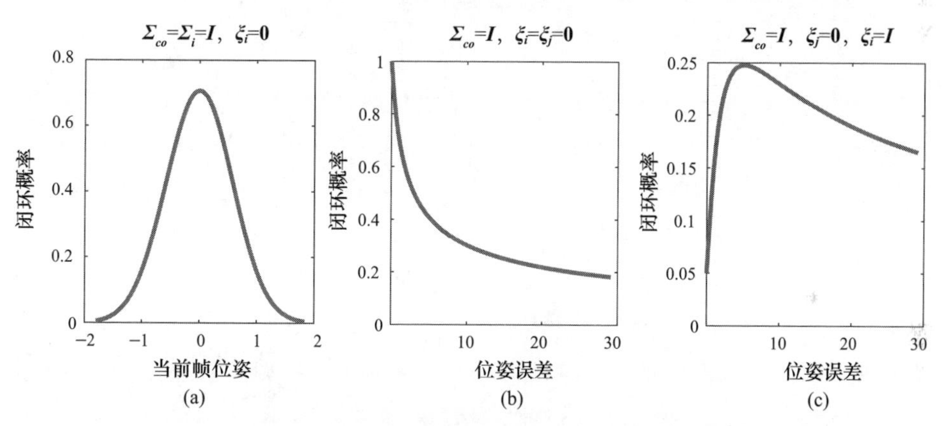

图 5.3　位姿闭环概率分别与位姿和协方差的关系曲线
(其中所有符号所表示的意义与公式(5.28)相同)

该仿真实验分析了位姿闭环概率公式中的变量参数对计算结果的影响,实验结果与实际情况相符,说明本章所推导的位姿闭环概率公式能够比较准确地还原实际情况,证明了位姿闭环概率公式的正确性和有效性。

5.5.3　协方差矩阵计算结果

位姿闭环概率计算过程需要用到位姿协方差矩阵和共视协方差矩阵,这两个协方差矩阵是伴随着视觉里程计的进行而计算的。由于这两个协方差矩阵具有实际的物理意义,即反映了当前位姿的误差和共视关系的空间分布,并且这两个协方差矩阵对于位姿闭环概率的计算很重要,因此在实验过程中对这两个变量进行可视化分析。

分别选取 KITTI 数据集和 TUM 数据集中的图像序列,将实验过程中计算得到的位姿协方差矩阵进行可视化。由于位姿协方差矩阵是一个六维矩阵,因此为了可视化方便,参照 5.3.1 节所述的位姿置信区间的做法,绘制其 X、Y、Z3 个自由度的位置置信区间。在 KITTI 数据集的 XY 平面上绘制的二维置信矩形区间和在 TUM 数据集的三维空间中绘制的置信立方体区间,如图 5.4 所示。

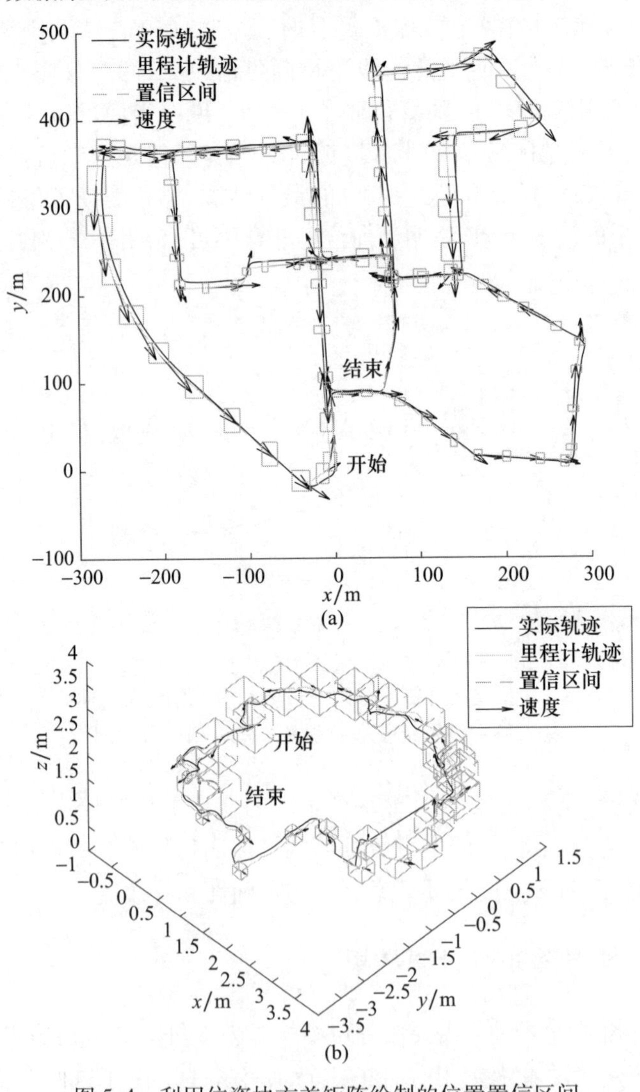

图 5.4 利用位姿协方差矩阵绘制的位置置信区间

(a) KITTI00 数据集;(b) TUMfreiburg2desk 数据集。

图5.4中的黑色曲线所示的轨迹真值和浅色曲线所示的视觉里程计结果是不重合的，这是由于视觉里程计存在定位误差；黑色箭头标注了机器人的运动方向，方框标注了三维位置的置信区间。从图5.4中可以看出，置信区间随着视觉里程计运行距离的增加而增大，体现了定位误差的积累性质。同时，绘制在视觉里程计轨迹上的置信区间，其区间的大小能够包含对应的真值轨迹上的位置，说明了置信区间的有效性。但是置信区间的大小可能比实际的定位误差更大，这是合理的，而置信区间的大小实际上还受人工设置的置信概率的影响。本节使用95%的置信概率，表示位置真值有95%的概率会被包含在置信区间内。用户也可以根据实际需要选择不同大小的置信概率，置信概率与置信区间的对应关系可以参照附录进行计算。

随着视觉里程计的进行，共视协方差矩阵是增量式地更新的，如式(5.21)所示。为了观察其增量式更新过程，将共视协方差矩阵随着视觉里程计运行的变化情况绘制成曲线，如图5.5所示。为了绘制曲线的方便，只取共视协方差矩阵中关于平移的3个对角元素，计算共视标准差并绘制曲线。

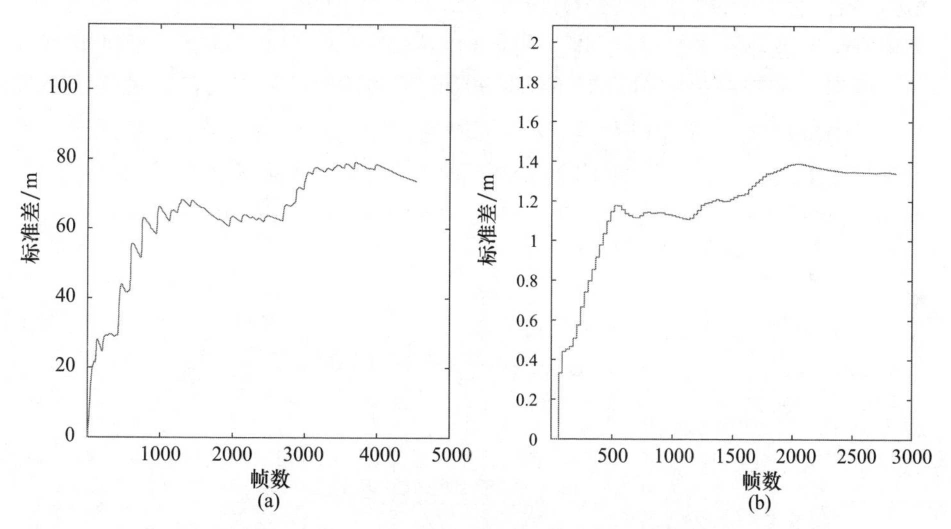

图5.5　共视协方差矩阵随视觉里程计的变化曲线
(a) KITTI00数据集；(b) TUMfreiburg2desk数据集。

从图5.5中可以看出，在视觉里程计的初始阶段，共视方差比较小。这是由于在初始阶段，视觉里程计所获得的共视图像比较少，并且这些共视图像之间的位姿关系比较单一，一般是机器人沿着一个固定方向前进的状态。这导致共视位姿关系比较单一，差异性不大，因此计算得到的共视方差也较小。随着视觉里程计的运行，共视位姿关系更加丰富，逐渐涵盖数据集的所有共视情况，计算得到的共视方差也逐渐稳定。

需要注意的是,不同数据集的共视方差的大小可能是明显不同的,如图 5.5(a)和(b)所示。对于室外环境下的 KITTI 数据集而言,场景距离比较远,机器人能够在一个较大的空间范围实现对同一场景的共视;而对于室内环境下的 TUM 数据集而言,则只能在较小的空间范围内实现共视关系。本节的共视协方差计算结果如实地反映了这种现象。

以上实验对位姿协方差矩阵和共视协方差矩阵进行了可视化分析,实验结果能够真实反映实际物理意义和真实客观规律,证明了位姿协方差矩阵和共视协方差矩阵计算方法的正确性与有效性。

5.5.4 位姿与外观的互补性

位姿与外观闭环检测方法同时使用了位姿信息和图像外观信息用于闭环检测,如图 5.1 中的前两个功能模块所示,位姿信息和外观信息能够相对独立地给出各自的闭环概率,再联合用于闭环检测。为了验证这两种信息所给出的闭环检测结果是否具有互补性,将这两个功能模块的闭环检测结果分别进行可视化。分别在 KITTI 数据集和 TUM 数据集中的图像序列的接近末尾处选择一个具有闭环的位置,在这个单帧位置,两个模块的闭环检测结果如图 5.6 所示。为了可视化效果,在图 5.6(a)中的闭环检测结果中,按照每个模块各自输出概率的高低顺序,只保留其中 100 个结果用于显示,在图 5.6 中只保留 20 个结果用于显示。

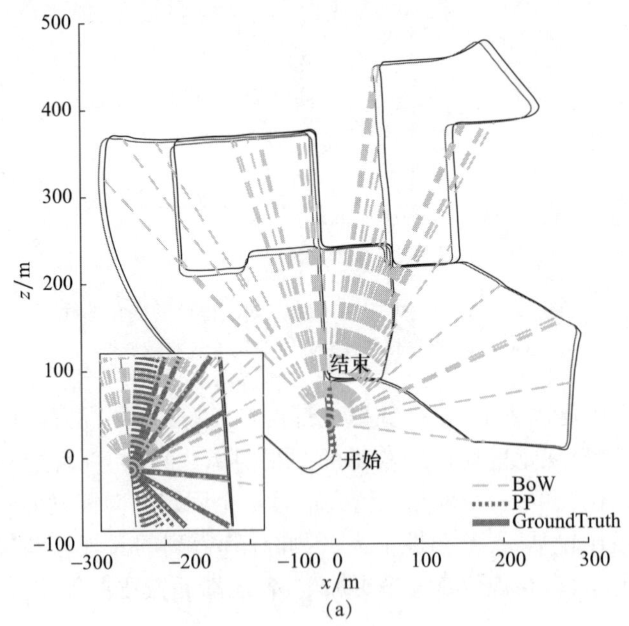

(a)

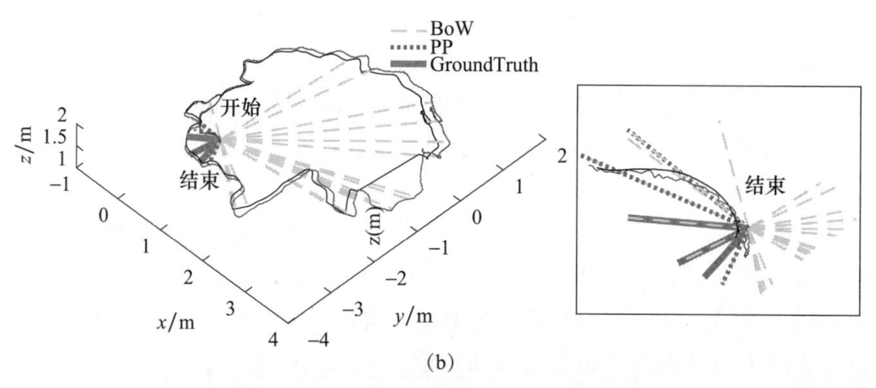

(b)

图5.6 在某一单帧位置处位姿闭环检测(PP)与外观闭环检测(BoW)的结果
(a)KITTI00数据集;(b)TUMfreiburg2desk数据集。

从图5.6中可以看出,两个检测模块都能够独立地检测出大量的候选闭环。由于这些闭环检测结果是最原始的检测结果,没有经过序列一致性检验或几何一致性检验的过滤提纯,所以检测结果比较多。基于位姿概率模型的闭环检测结果与基于外观相似性的闭环检测结果在整个地图中的分布具有明显的差异:位姿闭环检测结果的分布相对比较集中,主要聚集在当前机器人位置附近;外观相似性闭环检测结果则更加广泛地分布在整个地图中。而两者检测结果的重合部分主要聚集在真值结果附近。

以上实验充分证明了基于位姿的闭环检测与基于外观的闭环检测具有明显的互补性,因此本书将它们结合用于闭环检测是十分有意义的研究。

5.5.5 位姿与外观联合闭环检测

为了定量分析位姿与外观联合用于闭环检测的性能优势,在本节将引入其他对比方法共同实验。在所有对比方法中,几何一致性检验都未被使用,这是由于几何一致性检验作为闭环检测的最后一步检验,通过大量复杂计算获得了非常显著的性能提升,如果所有对比方法都使用了几何一致性检验,最后的整体结果将几乎不具有区分度,这种现象将在5.5.6节进行介绍。为了真实反映最原始的位姿与外观联合的性能优势,本节暂时不引入几何一致性检验,而是在5.5.6节连同系统实时性一起进行实验分析。

本节选择目前比较先进的两个基于图像外观的闭环检测方法,分别为FAB方法[168]和DBoW[79]方法,用于对比实验分析。本节分别利用以上两个基于图像外观的闭环检测方法构建不同的位姿与外观联合闭环检测方法,分别记为FAB+PP和DBoW+PP。另外,还在每种对比方法中引入序列一致性检验(SC),

分析序列一致性检验的性能贡献。其中,序列一致性检验的阈值设置为2,即连续两帧闭环检测结果才被认定是一次闭环。

使用以上对比方法分别在KITTI和TUM开源数据集的6个图像序列上进行实验,分别绘制精确率(precision)曲线、召回率(recall)曲线和精确率召回率曲线,如图5.7~图5.12所示。

从图5.7~图5.12中可以看出,位姿概率(PP)模块的引入对FAB方法和DBOW方法都有显著的性能提升。位姿概率模块对精确率的提升召回率的提升都有较大帮助,并提升最终的整体性能,证明了本书方法将位姿信息与外观信息联合用于闭环检测的重要意义和价值。

在图5.7~图5.12中的精确率曲线表明了序列一致性检验(SC)的优异性能。任何一种方法在引入序列一致性检验后都能明显地提高闭环检测结果的精确率。但是,在召回率曲线中可以看出,序列一致性检验对于召回率没有帮助作用,这是因为它作为一种检验手段,只能滤除错误的闭环检测,提高精确率,但是不可能添加新的候选闭环检测,即不可能提高召回率,反而可能因为检验时也滤除了一部分正确的闭环结果而降低了召回率。最终得益于精确率的显著提升,整体的闭环检测性能也得到大幅提升,如图5.7~图5.12中的精确率召回率曲线所示。

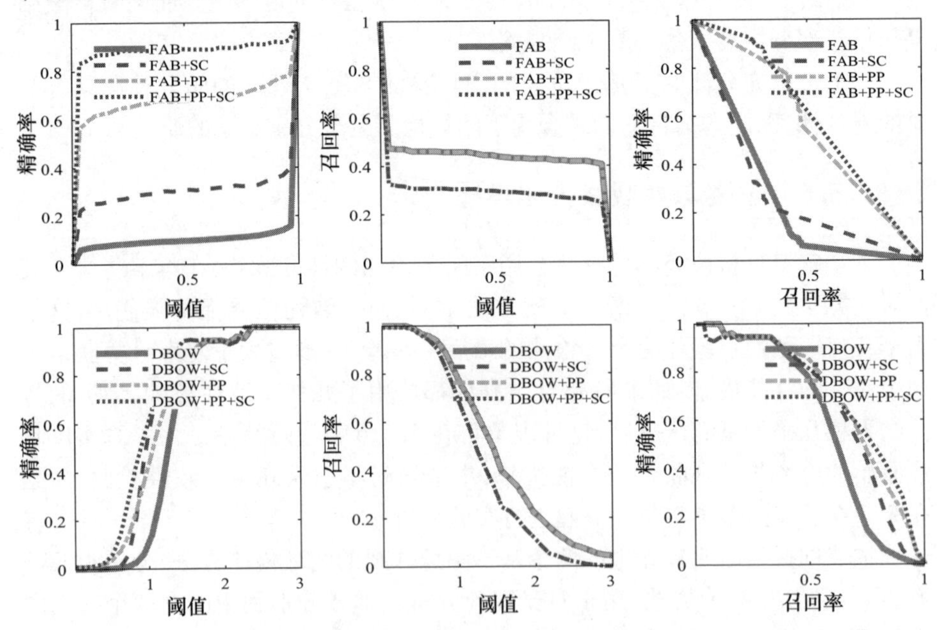

图5.7　在KITTI00图像序列上的每种闭环检测对比方法的精确率曲线、召回率曲线和精确率召回率曲线

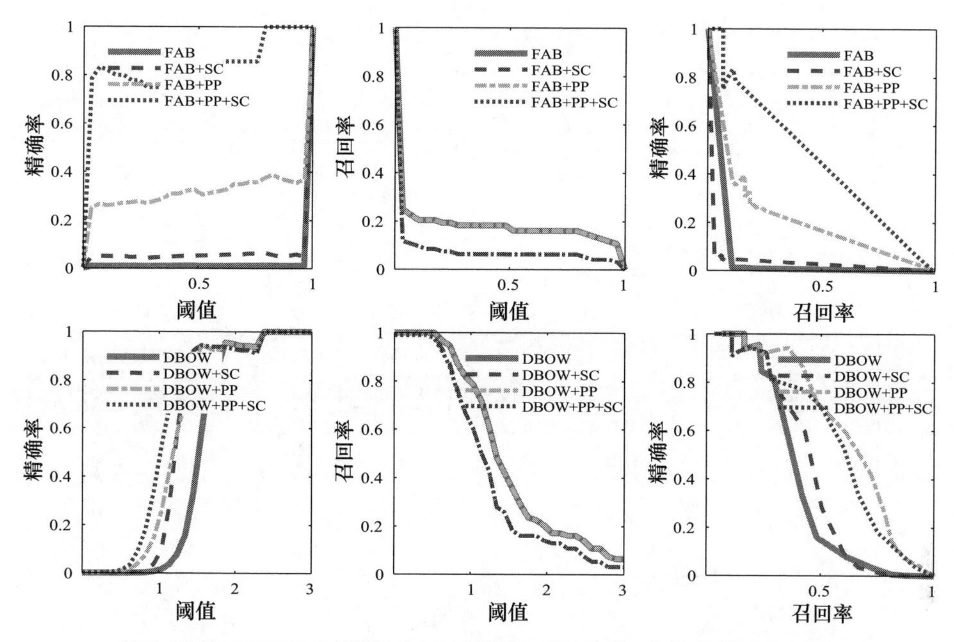

图 5.8　在 KITTI02 图像序列上的每种闭环检测对比方法的精确率曲线、召回率曲线和精确率召回率曲线

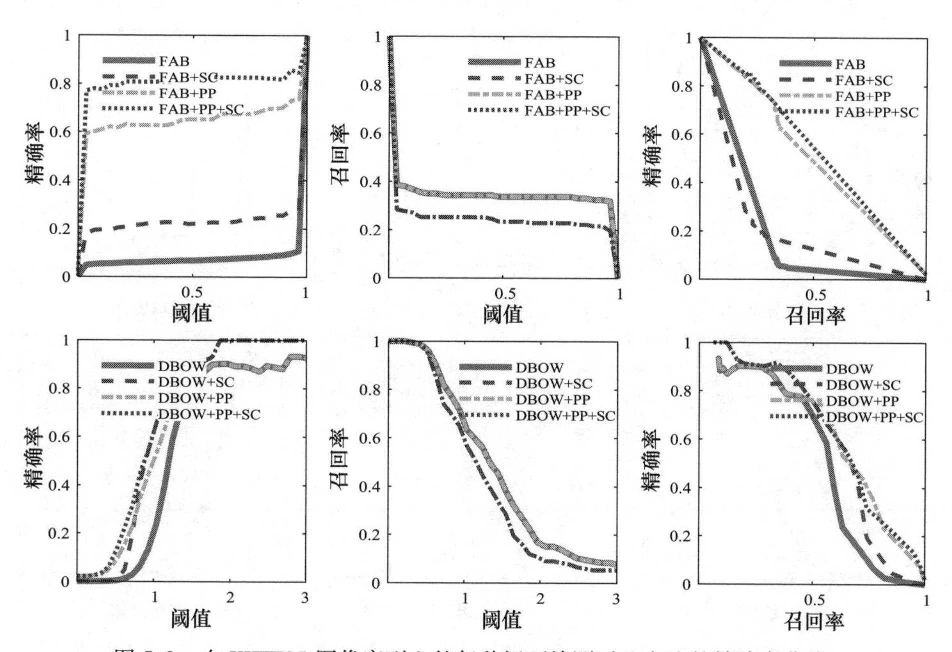

图 5.9　在 KITTI05 图像序列上的每种闭环检测对比方法的精确率曲线、召回率曲线和精确率召回率曲线

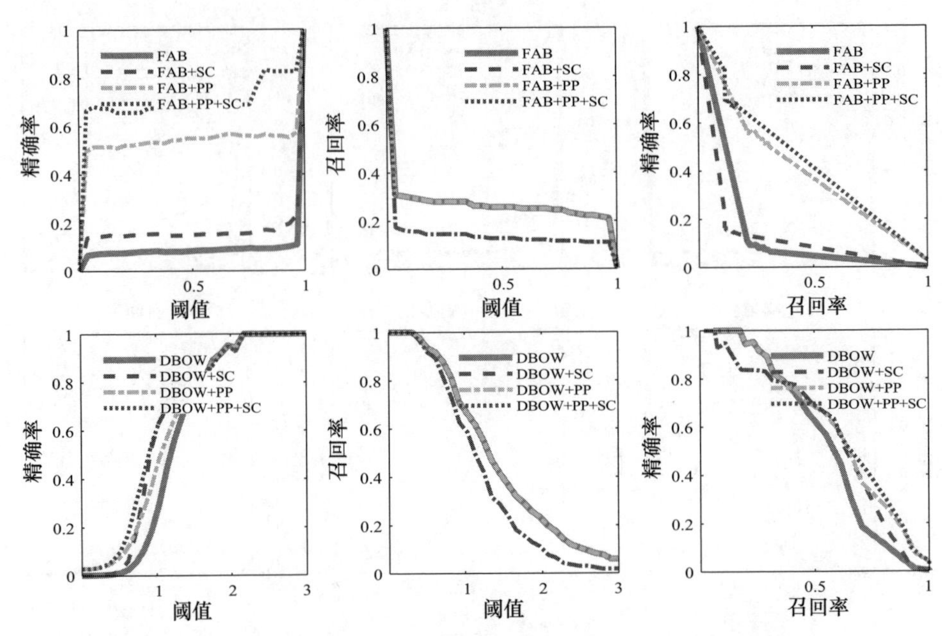

图 5.10 在 KITTI06 图像序列上的每种闭环检测对比方法的精确率曲线、召回率曲线和精确率召回率曲线

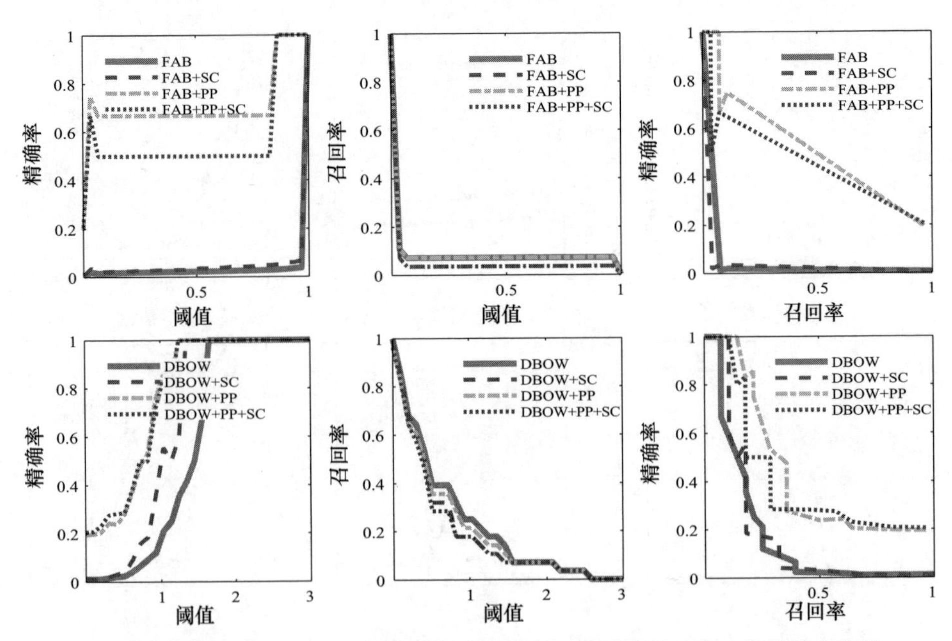

图 5.11 在 TUMfreiburg2desk 图像序列上的每种闭环检测对比方法的精确率曲线、召回率曲线和精确率召回率曲线

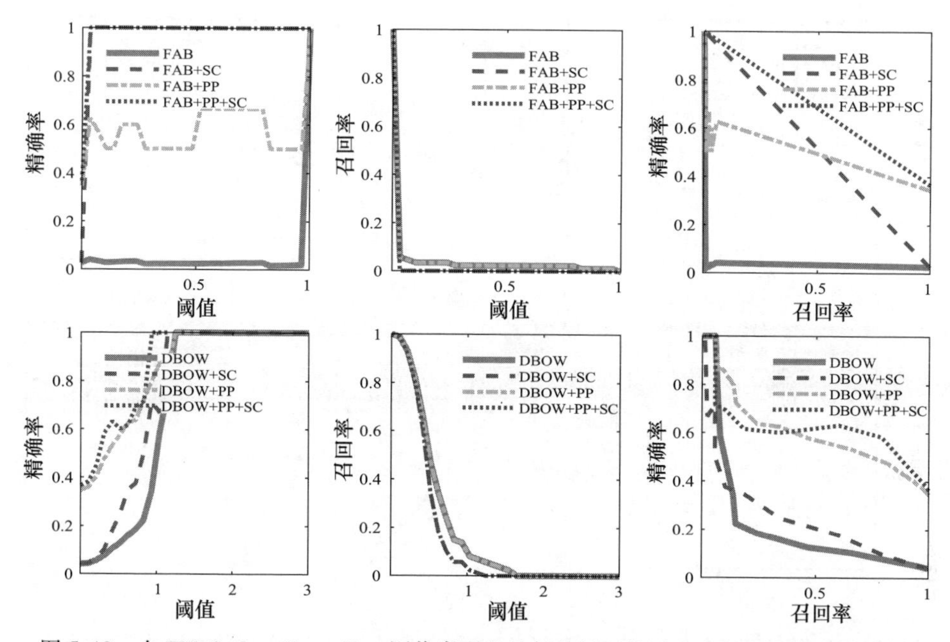

图 5.12　在 TUMfreiburg3longoffice 图像序列上的每种闭环检测对比方法的精确率曲线、召回率曲线和精确率召回率曲线

5.5.6　几何一致性检验与时间效率

如前文所述,几何一致性检验通过大量复杂计算来获得了非常显著的性能,为了验证几何一致性检验的性能优势,以及它对整体闭环检测算法的计算效率的影响,本节将在 5.5.5 节实验的基础上引入几何一致性检验,并进行实验分析。在 KITTI00 图像序列和 TUMfreiburg2desk 图像序列上的实验结果如图 5.13 和图 5.14 所示。

如图 5.13 和图 5.14 所示,几何一致性检验能够极大地提高闭环检测方法的精确率,甚至可以达到 100%的精确率,但是对召回率是没有帮助的,这一特性与 1.5.5 节所述的序列一致性检验是相同的。最终得益于精确率的显著提升,整体的闭环检测性能也得到大幅提升。

从图 5.13 和图 5.14 中可以看出,几何一致性检验对闭环检测性能的卓越提升,甚至掩盖了闭环检测中的其他功能模块的作用。但是由于几何一致性检验的计算复杂度较高,因此它被放在了整体方法的最后一步,而它之前的其他功能模块起到了对整个地图的筛选作用,使得整体闭环检测方法具有一个可以被接受的计算复杂度。

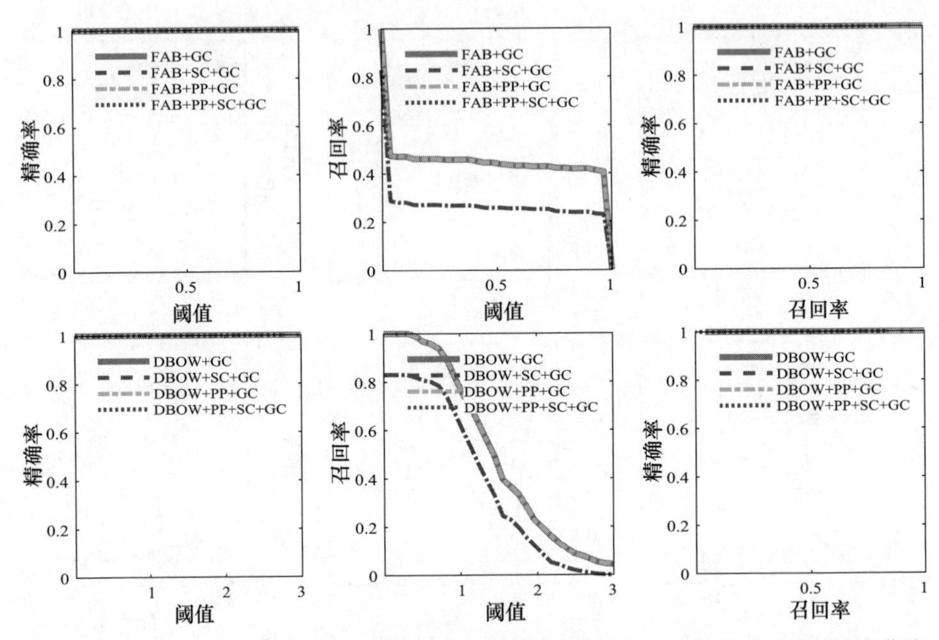

图 5.13 在 KITTI00 图像序列上的每种闭环检测方法引入几何一致性检验后的精确率曲线、召回率曲线和精确率召回率曲线

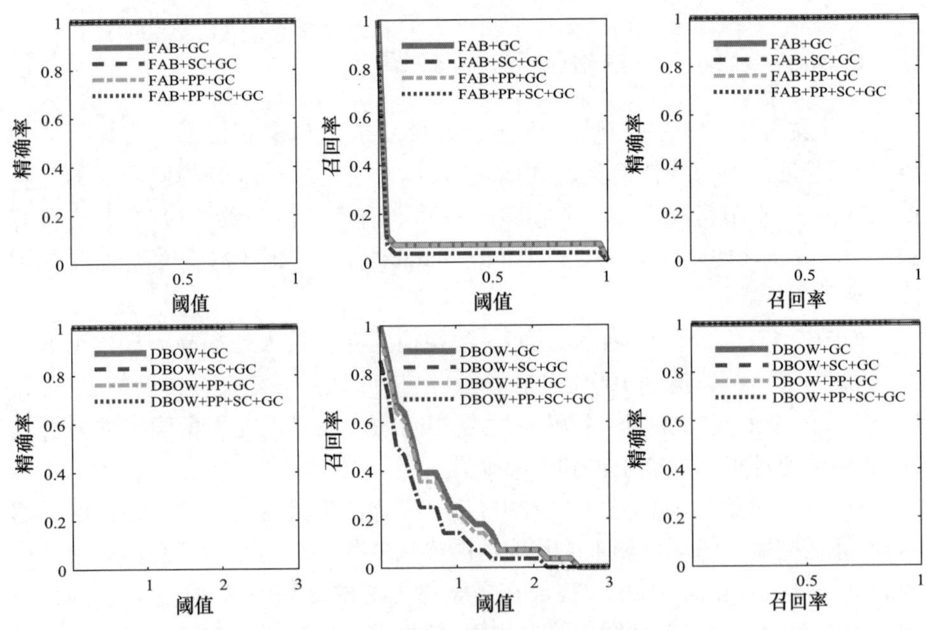

图 5.14 在 TUMfreiburg2desk 图像序列上的每种闭环检测方法引入几何一致性检验后的精确率曲线、召回率曲线和精确率召回率曲线

闭环检测方法中的 4 个模块的时间消耗情况如图 5. 15 所示。其中的时间消耗是指每个模块处理一个候选闭环帧的平均时间。

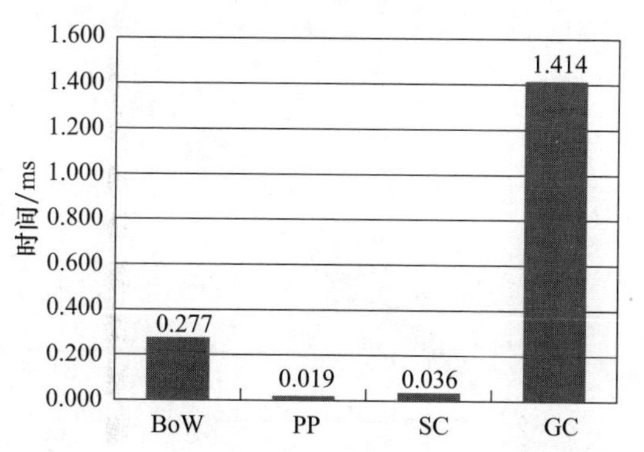

图 5. 15　闭环检测方法中的 4 个功能模块平均每处理一个候选闭环帧所需的时间消耗

从图 5. 15 中可以看出,位姿概率模块具有非常少的时间消耗,对于整体闭环方法没有很大的计算负担。另外,几何一致性检验的时间消耗要明显高于其他模块。但是正是由于几何一致性检验放在了整体方法的最后一步,使得它所需要处理的候选闭环帧数量很少,从而使整体方法具有较高的时间效率。图 5. 16 展示了在整体方法中,处理每帧图像时几何一致性检验的实际时间消耗。

从图 5. 16 中可以看出,借助于方法中其他模块的前期处理,几何一致性检验的时间消耗比较平稳和可接受。然而,如果去掉其他模块的话,就会在几何一致性检验之前保留下来更多的候选闭环帧,使得它处理这些候选闭环帧的总时间急剧增加,如图 5. 17 所示。

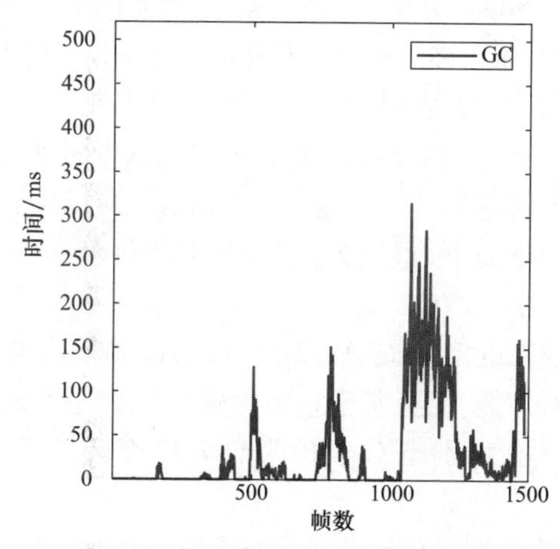

图 5. 16　完整的闭环检测方法中几何一致性检验的时间消耗

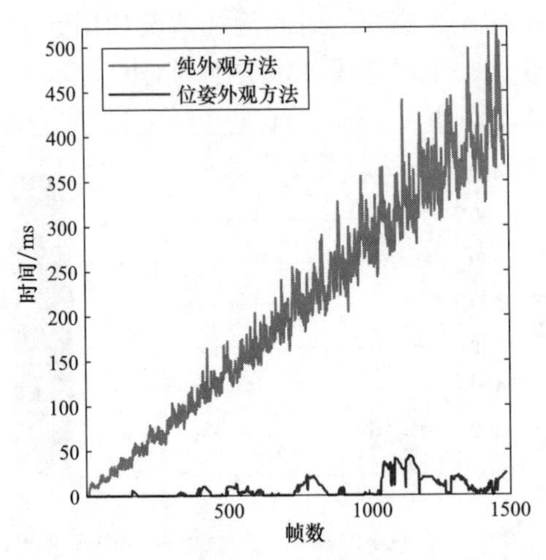

图 5.17 闭环检测方法中删除位姿概率模块前后的时间消耗对比

图 5.17 中的两个曲线分别表示完整的本书方法和删除位姿概率模块后的方法。随着视觉里程计的进行,地图的规模越来越大,基于外观的闭环检测方法和序列一致性检验方法虽然能够很大程度上减少候选闭环帧的数量,但是它们仍然无法摆脱其输出样本数量正比于输入样本数量的根本规律,这导致它们输出的候选闭环帧的数量是正比于地图大小的,并最终导致几何一致性检验的计算负担不断增加。其中,总时间消耗不仅来源于几何一致性检验,还来源于外观闭环模块(BoW)的时间消耗,因为它也要对每个候选闭环帧进行处理,导致计算量也随着地图的增加而增加。

而包含了位姿概率模块之后,方法的整体时间消耗始终维持在一个较低水平,不会随地图的增大而增加。这是由位姿概率模块对地图中候选闭环帧的筛选原理决定的。地图的增大表现为空间范围上的增大,而位姿概率模块对候选闭环帧的筛选是基于空间约束的,无论地图增大到何种程度,位姿概率模块都只会选取闭环置信区间内的一个固定大小的地图区域,与地图总大小无关。最终在位姿概率模块的帮助下,整体方法的时间消耗得到了有效控制,维持在一个较低的可接受的水平之内。

上述关于时间效率的实验充分证明了基于位姿概率的闭环检测方法不仅本身具有很好的实时性能,而且基于它所构建的位姿与外观闭环检测方法也进一步提高了实时性能,特别是对于长距离大尺度环境下的视觉 SLAM 尤为重要。

本节的所有实验分别对位姿与外观闭环检测方法的数学模型、物理意义、性能和时间效率等方面进行了定性与定量的分析,证明了本书方法的数学模型合理,位姿与外观两种信息实现了优势互补,提升了整体方法对闭环的检测性能和实时性。

5.6　小结

本章基于视觉 SLAM 中的位姿与外观信息在闭环检测时的互补性特点,介绍了一种结合位姿与外观信息的闭环检测方法:PALoop(pose - appearance - based loop)。首先介绍了一种基于位姿信息的闭环概率计算方法,然后将其与外观闭环检测方法相结合,实现优势互补。同时引入了序列一致性检验和几何一致性检验,提高方法的闭环检测精确率。

PALoop 包括 4 个方面的主要工作:一是基于机器人视觉里程计中位姿估计的非线性优化框架,推导了位姿方差计算模型和增量式位姿的累积方差计算方法,实现了对机器人位姿不确定性的估计;二是推导了视觉图像的共视协方差计算公式及其增量式更新公式,解决了共视关系的在线定量估计问题;三是在高斯概率模型下,推导了利用位姿协方差和共视协方差信息联合计算闭环概率的算法,实现了基于位姿的闭环检测;四是将位姿概率模型与基于图像的外观概率模型相结合,并引入了序列一致性检验和几何一致性检验,构建出位姿与外观闭环检测方法,同时提高了闭环检测算法的检测性能和实时性。

最后在 KITTI 和 TUM 两个开源数据集上进行了实验测试,验证了 PALoop 方法的性能优势。实验证明了本书方法的数学模型合理,位姿与外观两种信息实现了优势互补,并在整体方法上提升了闭环检测性能和实时性。

第6章　地图构建与地图优化

地图构建是视觉 SLAM 的后端模块，也是视觉 SLAM 的关键功能之一。视觉 SLAM 所构建的地图是移动机器人对环感知的最终表现形式，它不仅可以用于机器人的定位，还可以为机器人的路径规划、任务决策等其他行为提供基础。对于三维视觉 SLAM 而言，地图有两个层面的含义：一是用于位姿优化的路标点的集合；二是用来精细描述环境的稠密三维点云信息。无论是路标点地图还是稠密点云地图，都需要随着 SLAM 的进行而逐帧进行增量式的更新。

本章介绍了视觉 SLAM 中的局部地图优化方法和全局地图优化方法。其中，局部地图优化用于增量式地构建地图；全局地图优化用于在闭环检测后对整个地图进行优化，保证整个地图的全局一致性。另外，针对稠密点云地图，还介绍了稠密点云的栅格表示方法和表面模型表示方法。

本章 6.1 节介绍了视觉 SLAM 中的关键帧技术，以及基于关键帧和滑动窗口的局部地图非线性优化方法，实现了对地图的增量式更新和局部优化。6.2 节介绍了在闭环检测后的全局地图优化方法，通过在视觉里程计轨迹上添加闭环约束，使用非线性优化方法对轨迹上的所有关键帧进行位姿优化达到全局地图一致的目的。6.3 节针对三维视觉所采集到的稠密点云，介绍了稠密三维地图表示方法，包括基于八叉树结构的栅格地图表示方法和基于三维表面模型化处理的精细表面表示形式。6.4 节进行了实验，验证全局地图优化的重要作用以及三维稠密地图的表示效果。6.5 节对本章进行了简要总结。

6.1　滑动窗口与局部地图优化

6.1.1　关键帧与局部地图优化

基于关键帧的 SLAM 方法[169-170]是在 SLAM 研究中广泛使用的一种经典方法。它的基本思想是对图像序列中的大量图像进行筛选，只使用那些具有代表性的、对 SLAM 定位有关键作用的图像帧来进行定位和建图，从而有效地降低算法的计算量，提高算法的实时性能。

关键帧方法的首要问题是关键帧的选择。最简单的关键帧选取方法是以固定帧间隔的方式来选取,该方法虽然简单有效,但是由于机器人的运动情况比较复杂,并且图像外观的变化也不仅与机器人速度有关,而且与环境的远近有关,因此使用固定帧间隔的方法容易产生冗余关键帧和漏掉关键帧,从而降低整个系统的鲁棒性。目前的关键帧选择方法普遍结合了图像成像质量和图像外观变化情况来综合考量与选取。

其中图像成像质量的评价指标是当前帧中所能够提取的特征点的数量和质量,如果图像存在模糊或环境本身缺乏纹理,则可能导致图像中的特征点提取结果较差,将这样的图像作为关键帧用于机器人定位,会降低整个 SLAM 系统的定位精度。关键帧的另一个更重要的评价指标是图像外观变化情况,如果在当前帧中提取的特征点中有很多是地图里没有的新特征点,则认为图像相比于之前的图像发生了明显变化。

使用这些关键帧已经能够完整地表示整个图像序列所观测到的环境信息,其他非关键帧的信息与这些关键帧是重复的。因此地图的构建只需要使用这个关键帧即可。但是对于机器人的定位功能,为了保证较高的输出帧率,一般对包括非关键帧在内的所有图像帧进行位姿估计。对非关键帧的位姿估计只需要利用到地图信息即可,不需要对地图信息进行更新,这样既提高了视觉里程计的定位输出帧率,又避免了冗余的建图操作。

对每一帧的位姿估计过程已经在第 4 章进行了详细介绍,下面介绍如何利用关键帧构建地图。

利用一个关键帧对地图进行增量式地更新,最直观的想法是基于该帧的位姿,将其中新检测到的路标点直接添加到路标点地图中,三维视觉所获得的三维点云也直接增量式地添加到稠密三维点云地图中。但是由于这些路标点的坐标仅取决于当前关键帧的位姿状态,使得位姿估计的误差也累积到了这些路标点上。

由于同一个路标点会同时被多个关键帧所观测到,因此可以使用多帧的共视约束来提高路标点的空间坐标精度,这个过程称为局部地图优化。

假设有 m 个关键帧共同观测到了三维空间中的 n 个路标点,每帧图像的位姿为 $\boldsymbol{\xi}_i$,路标点在地图中的世界坐标为 $\boldsymbol{p}_j$ 。它们之间的几何关系如图 6.1 所示。其中,$\boldsymbol{\xi}_1$ 观测到了 $\boldsymbol{p}_1$、$\boldsymbol{p}_2$、$\boldsymbol{p}_3$,观测值分别为 z_{11}、z_{12}、z_{13};$\boldsymbol{\xi}_2$ 观测到了 $\boldsymbol{p}_1$、$\boldsymbol{p}_2$、$\boldsymbol{p}_3$、$\boldsymbol{p}_4$,观测值分别为 z_{21}、z_{22}、z_{23}、z_{24};$\boldsymbol{\xi}_3$ 观测到了 $\boldsymbol{p}_3$、$\boldsymbol{p}_4$,观测值分别为 z_{33}、z_{34}。仅被单个帧所观测到的路标点 $\boldsymbol{p}_0$ 和 $\boldsymbol{p}_5$ 不参与优化。

根据第 2 章所介绍的集束调整方法可知,对路标点三维坐标的优化问题是一个集束调整问题,其优化目标函数为

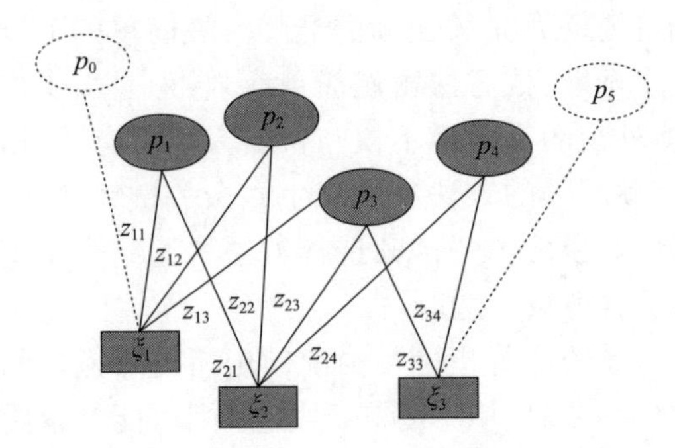

图 6.1 局部地图优化窗口中的共视关系示意图

$$F(\boldsymbol{\xi}_i,\boldsymbol{p}_j)=\frac{1}{2}\sum_{i=1}^{m}\sum_{j=1}^{n}(z_{ij}-\tilde{z}_{ij})^{\mathrm{T}}w_{ij}(z_{ij}-\tilde{z}_{ij}):=(\boldsymbol{z}-\tilde{\boldsymbol{z}})^{\mathrm{T}}\boldsymbol{W}(\boldsymbol{z}-\tilde{\boldsymbol{z}}) \tag{6.1}$$

式中：z_{ij} 为第 i 个关键帧在 $\boldsymbol{\xi}_i$ 位姿下对 $\boldsymbol{p}_j$ 的观测值；$\tilde{z}_{ij}$ 为观测真值；w_{ij} 为对应的误差权重，写成矩阵形式为 $\boldsymbol{W}$，其权重大小与视觉里程计中的权重保持一致。

对式(6.1)进行非线性优化的过程可以使用高斯牛顿迭代法进行求解，如 2.4 节所述。

6.1.2 滑动窗口与边缘化

对于局部地图优化问题，每添加一个关键帧到局部地图窗口中，就增加了新的共视约束关系，从而影响被它所观测到的路标点的优化结果，并间接影响与当前关键帧具有共视关系的关键帧的位姿优化结果。这种关键帧与关键帧之间的位姿关联性质是由它们的共视关系所决定的，并会逐渐传递到整个地图。因此，从这个角度来说，每添加一个关键帧后，应当对整个地图进行优化，而非简单地进行局部地图优化。但是由于地图中相邻两帧之间的位姿耦合关系比较紧密，而距离比较远的两帧则耦合不紧密，因此，考虑到优化过程的计算量，通常只会保留固定关键帧数量的一个局部窗口来进行局部地图优化。

每添加一个新关键帧到局部地图中，便需要从中删除一个最旧的关键帧，以保持局部地图窗口中关键帧数量的稳定，这个过程称为窗口滑动。但是正如前文所述，每个关键帧都与其他关键帧具有耦合关系，所以如果直接将旧的关键帧从滑动窗口中丢弃，会造成这种耦合信息的丢失，相当于丢失了一些优化约束，从而影响局部地图优化的精度甚至鲁棒性。为了尽可能地保留这些被丢弃的关键帧对优化过程的约束性，需要使用一种更合理的方法来丢掉旧的关键帧，这种方法就是关键帧的边缘化方法(marginalisation)。

边缘化的概念是从非线性优化模型中的高斯概率模型中引申来的，它表示对一个多变量联合概率分布函数,剔除掉其中一部分变量的影响,而只保留其他变量的概率分布的过程。

对于一个如式(6.1)所示的非线性优化模型,使用高斯牛顿法进行迭代优化时,如2.4节所述,其迭代增量为 $\Delta\boldsymbol{x}=-\boldsymbol{H}^{-1}\boldsymbol{b}$ 。将待优化变量 $\boldsymbol{x}$ 分解为需要边缘化的部分 $\boldsymbol{x}_1$ 和需要保留的部分 $\boldsymbol{x}_2$,则迭代优化方程被重写为

$$\begin{bmatrix}\boldsymbol{H}_{11} & \boldsymbol{H}_{21}^{\mathrm{T}}\\ \boldsymbol{H}_{21} & \boldsymbol{H}_{22}\end{bmatrix}\begin{bmatrix}\Delta\boldsymbol{x}_1\\ \Delta\boldsymbol{x}_2\end{bmatrix}=-\begin{bmatrix}\boldsymbol{b}_1\\ \boldsymbol{b}_2\end{bmatrix} \tag{6.2}$$

需要注意的是,其中 $\boldsymbol{x}_1$ 既包含了需要被边缘化的关键帧的位姿,也包含了局部地图中仅被它所观测到但未被窗口中其他关键帧所观测到的路标点,它们都是需要被边缘化的变量。滑动窗口中需要被边缘化的关键帧位姿及路标点在整个滑动窗口中的耦合关系如图6.2所示。

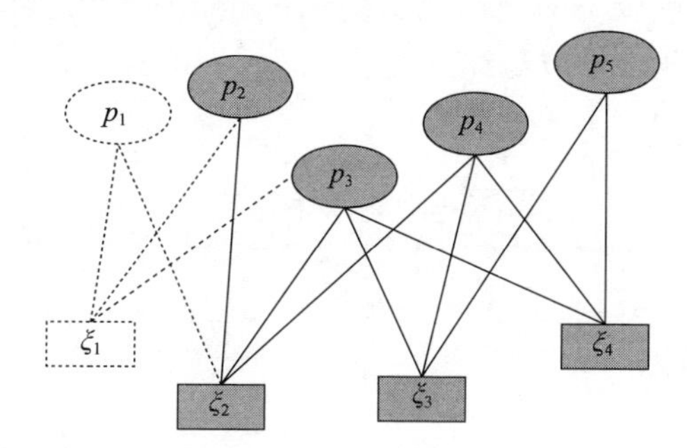

图6.2　在局部地图窗口中边缘化关键帧 $\boldsymbol{\xi}_1$ 的示意图

需要被边缘化的变量 $\boldsymbol{x}_1$ 在之前的滑动窗口优化过程中已经被多次优化过了,在本次滑动窗口优化中不对其进行优化。假设它的当前最优状态为 $\bar{\boldsymbol{x}}_1$,则只对 $\boldsymbol{x}_2$ 进行优化的迭代增量公式整理成如下形式。

$$(\boldsymbol{H}_{22}-\boldsymbol{H}_{21}\boldsymbol{H}_{11}^{-1}\boldsymbol{H}_{21}^{\mathrm{T}})\Delta\boldsymbol{x}_2=-\boldsymbol{b}_2+\boldsymbol{H}_{21}\boldsymbol{H}_{11}^{-1}\boldsymbol{b}_1 \tag{6.3}$$

式中: $\boldsymbol{H}_{22}-\boldsymbol{H}_{21}\boldsymbol{H}_{11}^{-1}\boldsymbol{H}_{21}^{\mathrm{T}}$ 为舒尔补(schur complement),它的计算需要使用到 $\bar{\boldsymbol{x}}_1$。舒尔补包含了边缘化变量对优化过程的约束信息,在整个迭代优化过程中将保持固定不变[171]。

6.2　闭环后的全局地图优化

闭环检测可以有效地消除机器人在两次经过同一场景期间的位姿累计误差,这一过程可以通过简单的重定位实现。但是机器人在此期间所增量式构建

的地图则必须进行进一步地全局优化，才能消除每个地图增量的误差，保证全局地图的一致性。

无论是路标点地图还是稠密点云地图，它们的每个增量都是与关键帧一一对应的，关键帧的位姿直接决定了地图增量的空间坐标，因此闭环后的地图优化实际上等价于这些关键帧的位姿优化。在对地图进行全局优化时，如果像局部地图优化方法一样，将所有的路标点的三维坐标也一起优化，就能保证更高的优化精度，但是其计算量也非常大。这种全局路标点优化方法一般适用于离线建图应用，如物体表面的三维建模等。在实时 SLAM 系统中，通常不直接对路标点进行优化，而是将路标点在优化过程中进行边缘化，这样既保留了它们对位姿的约束关系，又降低了优化的计算量。

由于这些关键帧的位姿共同组成了机器人的运动轨迹，因此这种不优化路标点而只优化关键帧位姿的全局地图优化过程又被称为全局轨迹优化。全局轨迹优化问题中的关键帧位姿约束关系如图 6.3 所示。

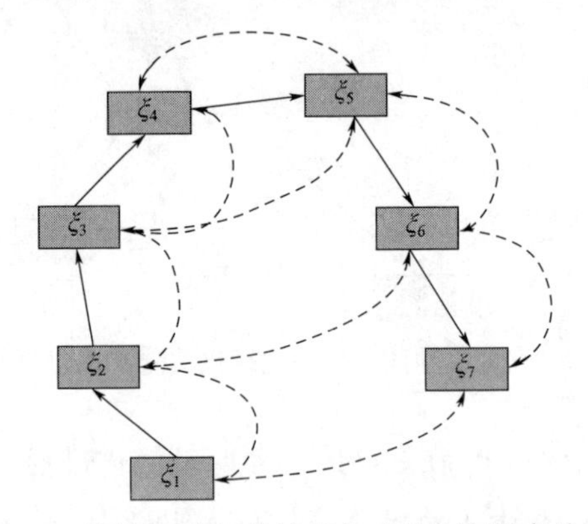

图 6.3　闭环后全局轨迹优化中的位姿约束关系

图中位姿之间的黑直线表示它们在轨迹中的相邻关系，虚线表示位姿之间存在共视约束关系。当检测到闭环后，如图 6.3 所示的 $\boldsymbol{\xi}_7$ 被检测到与 $\boldsymbol{\xi}_1$ 发生了闭环，相当于在原始轨迹上新增了一条共视约束关系，即 $\boldsymbol{\xi}_7 \leftrightarrow \boldsymbol{\xi}_1$。

轨迹优化过程也是一个非线性优化过程，其中所有关键帧的位姿是被优化变量，路标点是被边缘化的变量，求解过程可以参考地图优化及边缘化方法。

6.3　稠密三维地图表示

三维视觉 SLAM 所构建的环境地图是稠密的三维点云，数据存储量很大，存在大量的信息冗余，因此需要对这个稠密点云进行后处理，使用其他数学模型来描述三维地图,既可以实现存储量的压缩,也有利于可视化。

为了使机器人的路径规划、任务决策等其他行为能够使用视觉 SLAM 所构建的地图,通常将地图组织为栅格地图形式。6.3.1 节将介绍基于八叉树算法的三维地图栅格化表示形式。

另外,随着近几年虚拟现实和增强显示等技术的发展,如何将三维场景更好地可视化,以利于人类观察,也是一项重要的研究课题。6.3.2 节将介绍基于三维表面模型化处理的精细表面表示形式。

6.3.1　八叉树栅格地图

八叉树(octree)[172]是一种数据组织结构。它通过对三维空间中的任意一个立方体栅格进行划分,可以得到 2×2×2 共 8 个子正方体。将划分前后的大正方体和小正方体之间的关系称为父子关系,构成树形结构。按照此方法可以实现对整个空间的从粗到细的划分,如图 6.4 所示。

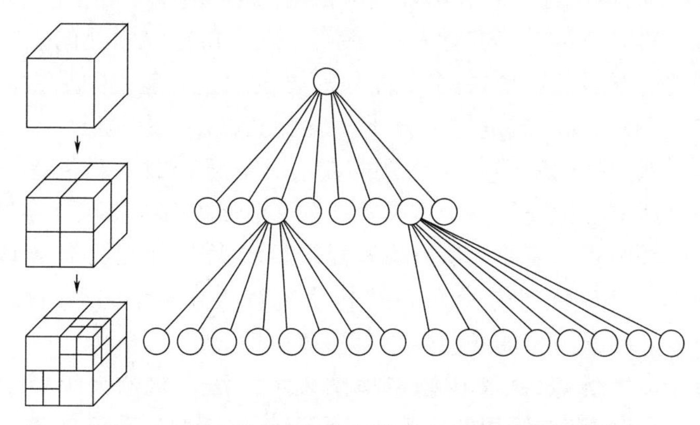

图 6.4　八叉树对空间的划分过程及树形表示结构

八叉树的生成过程是一个递归过程,可以对三维空间进行任意空间分辨率下的划分。在实际应用中,需要根据环境表示精度的需要,设置一个最小的空间分辨率阈值,当一个节点的空间大小满足精度需要时,不再划分,作为最终的叶子节点。这种中止继续空间划分的操作称为八叉树的剪枝。

三维视觉 SLAM 所构建的三维点云并不是均匀充满整个三维空间的,而其中大部分空间区域是没有实体的,也就是没有像素点的。因此,当使用八叉树结构对三维点云进行表示时,不需要对每处空间都划分得很精细。当八叉树的一个空间节点中不包含任何像素点时,可以终止对它的继续划分,直接作为一个叶子节点。

使用八叉树的树型结构对空间进行划分,不仅可以实现对三维点云的数据压缩,而且得益于其树型结构,可以对数据实现更方便的组织管理。首先,树形结构有利于增量式更新。当空间中新增加了一个像素点时,可以在八叉树中快速地检索到它所对应的空间节点,如果这个节点是一个最小分辨率的叶子节点,就更新其空间占据状态;如果这个节点是大于最小分辨率的空节点,就按照八叉树生成规则进一步划分为子树。另外,可以利用同一个八叉树实现在不同分辨率下的空间划分。例如,一个 n 层的八叉树所表示的空间,根节点表示的空间区域大小为 S ,那么它的空间分辨率为 $S/8^n$;如果只取其前 $n-1$ 层作为一个新的八叉树,那么它的空间分辨率为 $S/8^{n-1}$ 。

使用八叉树对三维点云进行表示,最终得到的八叉树有两类叶子节点:一类表示空间无实体区域,对于机器人的运动而言是可通行空间;另一类表示该空间为实体所占据,对机器人的运动而言是不可通行的空间。当使用较少层数的八叉树实现较低分辨率的空间描述时,如果一个节点在原八叉树中拥有子节点,那么它在新的树中也一定表示被实体占据的空间节点。

使用八叉树对三维点云进行表示,最早是在三维激光雷达的点云中进行应用的。这种情况下,八叉树的每个节点只需要表示其对应空间是否被实体占据即可,是一个二值属性。但是对于三维视觉所获得的三维点云,则还包含了彩色信息,此时,八叉树的节点的属性还需要包含彩色信息。只包含一个像素点的叶子节点理所当然地使用这个像素点的颜色作为该节点的颜色属性;包含多个像素点的叶子节点则需要对所有像素点进行颜色平均,然后作为该节点的颜色属性。另外,当使用较少层数的八叉树实现较低分辨率的空间描述时,中间节点需要根据其叶子节点的颜色赋予其颜色属性。

正是基于以上优点,八叉树栅格地图表示方法在机器人领域中被广泛应用,既实现了对地图存储体积的压缩,又便于维护,而且有利于机器人的路径规划等其他应用。本书 SLAM 系统中的八叉树栅格地图的构建是基于开源工具[173]实现的。

6.3.2 三维表面模型化

由于三维视觉本身测量原理的限制,所生成的三维点云只包含了物体表面的像素点,而物体内部的实体部分则无法被感知,因此三维点云地图中的物体内部实际上是一种“空心”状态,点云的这种特性使得其非常适合被表示为表面模型的形式。

物体表面模型的描述方法分为两类:一类是函数模型表示法[102,174];另一类是不规则三角网(triangulated irregular network,TIN)表示法[96,101]。

物体表面的函数模型表示法假设物体表面的所有点云都满足一个一致的数学模型，通过对这个数学模型进行参数估计，从而得到一个对物体表面的近似函数表示。这种方法的优点是可以对物体表面模型进行任意精度的插值，而仍能保持表面的连续性，在设计和加工领域被广泛使用，如工业产品的外形设计、考古和生物研究领域的场景物体建模。其缺点是对一些表面细节的表示精细程度严重依赖于模型函数的参数复杂度，在粗糙建模时会丢失一些表面细节，而在精细建模时的计算量偏高。

物体表面模型的不规则三角网表示方法使用大量空间多边形构成一种不规则网格，来表示物体表面。使用这种方法表示的物体表面具有明显的不光滑性质，并且其精细程度取决于点云的稠密程度，计算量也取决于点云的稠密程度，但是它可以应用于任何复杂表面都不会丢失细节，也可以通过对点云进行降采样操作来控制算法的总计算量。不规则三角网表示方法相比于函数模型表示法更加高效，主要用于一些对表面表示精细度要求不高的快速建模应用。

本节主要使用不规则三角网表示法对三维点云地图进行表面表示，提高三维点云的可视化效果。

德洛内(Delaunay)三角网[175]是不规则三角网的最主要生成方法。德洛内三角网是一组彼此相连接的三角形的集合，每个三角形称为一个德洛内三角形。每个德洛内三角形的外接圆都不包含其他三角形的顶点，这个性质称为空外接圆性质，它保证了三角网中的每个三角形都尽量接近于正三角形，避免了大量钝角三角形的出现，是对三角网划分结果的最优性的一种评价指标。因此，德洛内三角网是一种对点云表面的最优划分方法，并且划分结果具有唯一性。

一个德洛内三角网的生成结果如图 6.5 所示。

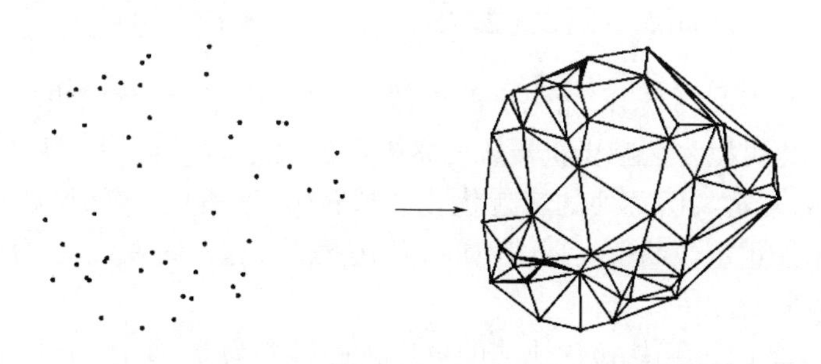

图 6.5　在一群离散点上生成德洛内三角网的效果

德洛内三角网的生成方法目前已经比较成熟[176-178]，本节将使用开源点云库(point cloud library，PCL)[12]提供的方法工具对三维点云地图进行不规则三角网表示。

6.4 全局地图优化与三维稠密建图实验

6.4.1 全局地图优化实验

为了验证 6.2 节所介绍的全局地图优化效果，本节在 TUM 开源数据集[155]上进行对比实验，分析全局地图优化对消除累积定位误差的重要性。

使用了全局轨迹优化和未使用全局轨迹优化的机器人轨迹结果如图 6.6(a)所示，其中闭环发生在 75.1s 处，在轨迹中用三角形标注。闭环位置附近的轨迹放大图如图 6.6(b)所示。使用了全局优化与未使用全局优化两条轨迹所对应的绝对轨迹误差(absolute trajectory error，ATE)如图 6.6(c)所示。

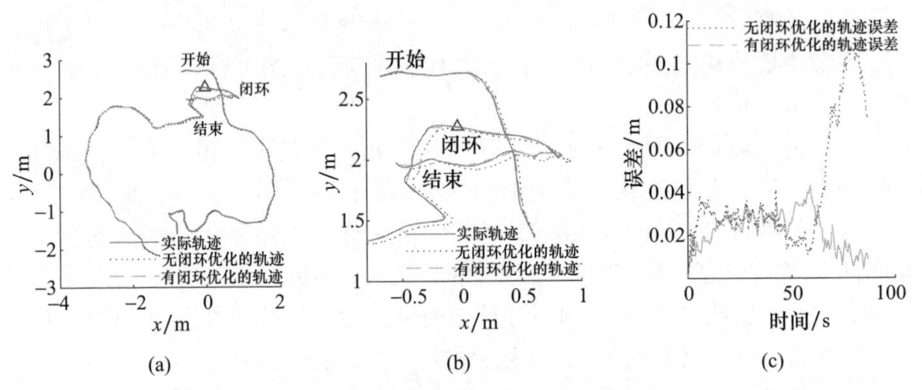

图 6.6 使用全局轨迹优化和不使用全局轨迹优化的机器人轨迹图及误差图
(a)轨迹图；(b)闭环附近的轨迹放大图；(c)绝对轨迹误差。

从图 6.6 中可以看出，优化后的机器人轨迹相比于优化前更接近于真值；全局轨迹优化可以显著减少机器人的累积定位误差，对于优化闭环处轨迹的效果最为明显，对远离闭环处的轨迹优化效果较差，这是由于轨迹优化是通过在闭环位置添加重定位约束实现的(如 6.2 节所述)，这种约束对远离闭环处的轨迹的作用较弱。

在此实验中，全局轨迹优化前的平均轨迹误差为 0.040m，全局轨迹优化后的平均轨迹误差为 0.023m，误差减小了 42%，证明了全局轨迹优化对于 SLAM 系统的重要性。但是，需要注意的是，通过全局轨迹优化来减小误差的前提是机器人的轨迹存在闭环，并且在闭环之前所累积的定位误差越大，优化效果越明显。

6.4.2　三维稠密建图实验

为了检验 6.3 节所介绍的稠密三维地图表示方法对地图的可视化效果，本节在 TUM 开源数据集上分别验证八叉树栅格地图的表示以及德洛内三角网模型的可视化效果，如图 6.7 所示。

图 6.7　三维稠密地图的八叉树表示与表面模型表示实验结果

(a)原始三维点云地图；(b)三角网表面模型地图；(c)0.01m 分辨率的八叉树栅格地图；(d)0.02m 分辨率的八叉树栅格地图；(e)0.04m 分辨率的八叉树栅格地图；(f)0.08m 分辨率的八叉树栅格地图。

图 6.7(a)展示了原始的稠密点云地图,由于点云地图的每个空间点都不具有空间体积,因此其可视化效果是以稀疏点的形式表示的。图 6.7(b)展示了德洛内三角网模型的可视化效果,由于德洛内三角网模型是一种空间表面模型,因此它在任何尺度下的可视化效果都是连续的,具有对人类十分友好的可视化效果。图 6.7(c)~(f)分别展示了 0.01m、0.02m、0.04m 和 0.08m 分辨率下的八叉树地图。其中 0.02m、0.04m 和 0.08m 分辨率下的八叉树地图是由 0.01m 分辨率地图通过减小八叉树的层数实现的,因此它们的空间分辨率是以两倍关系递增的。从图 6.7 中可以看出,八叉树地图的栅格越小,对地图的描述越精细,但是由于原始三维点云本身存在的空间疏密不均的情况,会导致八叉树栅格地图在点云稀疏处也存在非稠密的情况。随着八叉树栅格的增大,地图的非稠密现象逐渐消失,但是对地图的表示精细程度也明显下降。八叉树栅格地图是具有空间体积的地图表示方法,主要用于机器人的路径规划等应用,而栅格实体则被认定为不可通行区域。因此,在实际应用中需要综合考虑传感器的空间感知分辨率,以及机器人自身的尺寸和通过能力,合理选取八叉树地图的空间分辨率,以利于机器人的路径规划。

6.5 小结

本章对视觉 SLAM 中的局部地图优化方法和全局地图优化方法进行了介绍。本章使用了滑动窗口方法和边缘化方法实现对局部地图的增量式优化,使用了非线性优化方法对闭环后的全局地图进行优化,保证整个地图的全局一致性,并在其中对路标点进行了边缘化来降低优化过程的计算量。另外,本章使用德洛内三角网生成方法实现了对稠密点云地图的表面模型化,以提高三维点云地图的可视化效果。通过在 TUM 开源数据库上的实验,本章验证了全局轨迹优化对于消除 SLAM 系统的轨迹误差的重要作用,并验证了八叉树栅格地图表示方法和德洛内三角网模型表示方法对三维稠密地图的可视化效果。

本章所介绍的地图构建、优化,以及三维地图表示方法将在第 7 章的整体 SLAM 系统框架中所使用,作为三维视觉 SLAM 系统的组成部分之一。

第7章　融合多信息的三维视觉同步定位与建图

本章在第3~6章内容的基础上，构建三维视觉SLAM系统，称为融合多信息的三维视觉SLAM方法（3D visual sLAM with hybrid information, HI-3DVSLAM）。通过在开源数据集上的实验和在实物机器人平台上的SLAM实验，分析验证SLAM方法的性能。

本章介绍了融合多信息的三维视觉SLAM方法，其中多信息的概念来源于视觉里程计中的混合信息残差，以及在闭环检测过程中所使用的位姿与外观两种信息。该SLAM方法在第3章PIFT视觉特征提取、第4章HRVO视觉里程计、第5章PALoop闭环检测与优化和第6章三维稠密建图相关工作的基础上，介绍多线程并行化方法，构建了并行化的SLAM框架和三维视觉SLAM系统。

为了验证三维视觉SLAM方法的定位精度和建图效果，本章分别在室内开源数据集上进行实验和在室外环境下进行实物实验。其中，室外实物实验所使用的移动机器人系统为自研的地面轮式移动机器人，搭载了Kinect2作为SLAM方法的三维视觉感知设备。

本章7.1节详细介绍融合多信息的三维视觉SLAM方法；7.2节介绍自研的地面轮式移动机器人系统，用于本章的实物实验；7.3节分别在开源数据集上和实物机器人平台上进行实验，分析验证SLAM方法的有效性和精确性；7.4节对本章进行简要总结。

7.1　融合多信息的三维视觉同步定位与建图方法

一个完整的视觉同步定位（SLAM）系统至少需要包含视觉特征提取、视觉里程计、闭环检测与优化、地图构建4个方面的内容。在第3章介绍了一种新的三维视觉特征（PIFT特征）；在第4章介绍了一种新的基于混合残差的视觉里程计（HRVO）；在第5章介绍了一种新的结合位姿与外观信息的闭环检测方法（PALoop）；在第6章介绍了关于关键帧地图的优化方法和三维稠密地图的表示方法。基于上述内容,本节构建了三维视觉 SLAM 系统,系统的各部分模块组织结构如图 7.1 所示。

整个 SLAM 系统的输入是当前帧的 RGBD 图像,输出是当前帧的位姿和三维稠密地图。系统包含 4 个并行的处理线程,分别是视觉特征提取线程、视觉里程计线程、闭环检测与优化线程、三维稠密建图线程。

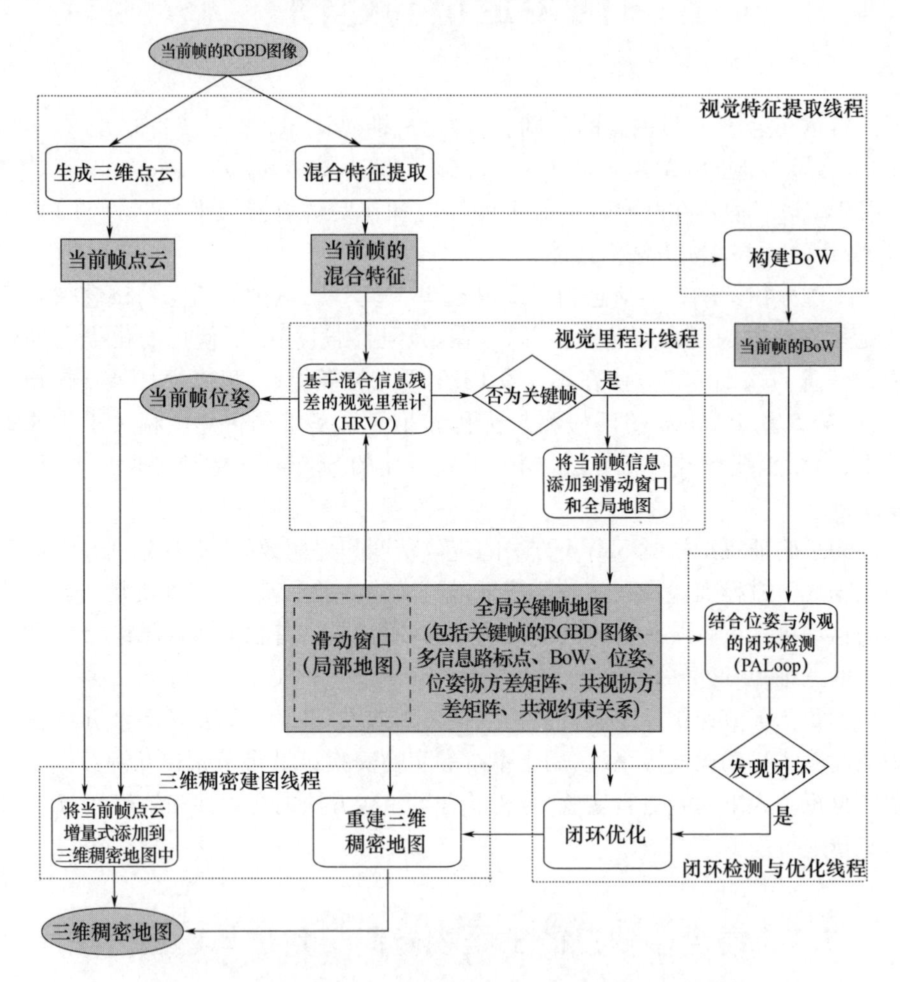

图 7.1 融合多信息的三维视觉 SLAM 系统的模块组织结构

1. 视觉特征提取线程

视觉特征提取线程对输入的 RGBD 图像进行处理,提取多种信息类型的特征。如第 4 章所述,这些特征包括重投影特征点、光度学特征点和深度特征点三种类型,其中重投影特征点将使用第 3 章所介绍的 PIFT 特征,光度学特征点和深度特征点的提取方法如 4. 4 节所述。另外,考虑到闭环检测与优化线程在进行闭环检测时还需要依赖于图像的视觉词汇袋(BoW),因此,该线程还提取了 ORB 特征用于构建 BoW,同时可以将 ORB 特征作为一种重投影特征点,与其他特征点一起用于混合残差视觉里程计。

不同特征的提取过程相对独立,可以并行进行。经过实验测试,PIFT 特征的提取过程是该线程的主要时间消耗,因此将 PIFT 特征提取过程与其他 3 种特征路标点的提取过程并行化。

另外,该线程还将 RBGD 图像构建为三维点云,用于三维稠密建图线程的增量式地图构建。

2. 视觉里程计线程

视觉里程计线程使用当前帧的 RGBD 图像中所提取的 PIFT 特征、ORB 特征、光度学特征、深度特征进行位姿估计,位姿估计的初值为上一帧的相机位姿。这一部分的视觉里程计算法如第 4 章所述。除了计算当前帧的相机位姿,还需要计算位姿协方差矩阵和共视协方差矩阵,用于闭环检测与优化线程中的 PALoop 闭环检测。关于位姿协方差矩阵和共视协方差矩阵的计算过程如 5. 2 节所述。

视觉里程计线程还需要判断当前帧是否为关键帧,并添加到关键帧地图中。如果当前帧所观测到的路标点中有至少 25%是新观测到的,则将当前帧判定为关键帧,并插入关键帧地图中。其中,滑动窗口是全局地图的一部分,是一个局部地图,它是通过 6. 1 节所述的滑动窗口方法进行维护的。

对于 SLAM 系统所获取的第一帧 RGBD 图像,由于地图此时为空,因此将当前帧的相机位姿设置为 0,并将当前帧作为关键帧插入地图中,完成 SLAM 系统的初始化过程。这种初始化过程只需要依赖于单帧 RGBD 图像即可完成,而不需要像单目视觉 SLAM 那样需要多帧约束才能完成初始化,这也是三维视觉 SLAM 的一个优势。

3. 闭环检测与优化线程

闭环检测与优化线程包括闭环检测和闭环优化两个方面的工作,该线程只对关键帧图像进行处理,这是由于全局地图就是以关键帧形式进行存储和维护的。闭环检测使用 PALoop 闭环检测方法,当检测到闭环后,对全局关键帧地图进行轨迹优化,并更新全局关键帧地图,这一部分所使用的方法如 6. 2 节所述。

4. 三维稠密建图线程

三维稠密建图线程用于增量式更新和维护一个全局的稠密三维地图。这个稠密三维地图是以八叉树地图形式进行维护的。值得指出的是,利用八叉树地图也可以生成点云地图,点云地图的稠密程度取决于八叉树的空间分辨率。用户可以根据需要,任意选择八叉树结构进行可视化,或者转换为点云形式进行可视化。

对于每一帧 RGBD 图像，当视觉里程计计算得到其位姿后，将其对应的三维点云增量式地添加到八叉树地图中，并用于可视化。当闭环检测与优化线程检测到了一个闭环并优化完地图中所有关键帧的位姿后，再使用全局地图中的所有关键帧来重建八叉树地图。值得指出的是，重建之前的稠密三维地图是基于每一帧 RGBD 图像构建的，具有最好的稠密性，八叉树的叶子节点经过了多个像素点的融合；而闭环重建后的稠密三维地图则仅使用了关键帧，用于融合八叉树的叶子节点信息的像素相对较少，但是由于关键帧本身具有典型性和代表性，因此虽然重建后的八叉树地图的叶子节点信息会发生一定变化，但是整体的三维地图仍然保持了较好的稠密程度。

另外，该线程还构建了德洛内三角网来增强三维稠密地图的可视化效果。但是由于该表面三角网模型对于机器人的运动规划等任务没有意义，而仅便于人类观察地图，因此本书不将其存入全局地图，也不进行闭环后的全局重建，而仅是利用当前帧的 RGBD 图像的表面三角网模型来增强可视化效果。

值得指出的是，全局关键帧地图保存了大量数据信息，其中的 RGBD 图像仅被用于闭环后的三维稠密地图的重建，而对视觉里程计没有作用。正是因为这些关键帧 RGBD 图像不会被频繁使用，并且占用较高存储空间，所以本章将关键帧 RGBD 图像保存在计算机的硬盘中而非内存中，闭环后重建三维稠密地图时再从硬盘中进行读取，并且每处理完一帧 RGBD 图像即立刻释放内存。实验测试发现，从硬盘中读取 RGBD 图像的时间消耗要远小于地图重建算法本身的时间消耗。

7.2 实验机器人系统

融合多信息的三维视觉 SLAM 方法将在实物机器人系统上进行实验验证。该移动机器人系统是自研的地面轮式移动机器人，其主要结构如图 7.2 所示，各模块之间的信号传输与电气连接关系如图 7.3 所示。

该移动机器人系统使用后轮驱动，驱动电动机为 DJI M3508 P19 直流无刷电动机，额定电压为 24V，额定功率为 150W。电动机使用 DJI C620 无刷电动机调速器进行速度控制，调速器通过 CAN 总线与自研的机器人运动控制模块[图 7.2(e)]进行通信。

移动机器人系统使用前轮控制转向，转向控制舵机型号为 Feetech SM60，最大扭矩为 60kg · cm。舵机通过 RS485 串行总线与运动控制模块进行通信。

自研的机器人运动控制模块通过串行总线与机器人主控计算机[图 7.2

(f)]通信。主控计算机根据机器人的自主运动规划或人为操控输入,解算机器人的运动速度与运动方向,并通过串行总线发送给运动控制模块,由运动控制模块进行机器人的速度和方向的运动控制。

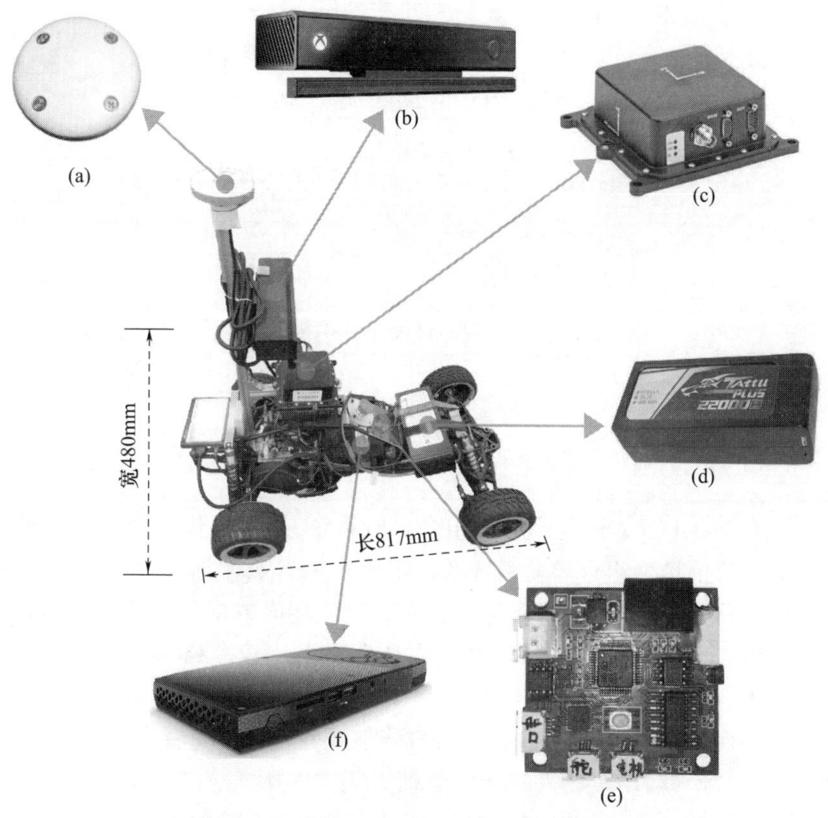

图7.2　地面轮式移动机器人系统的主要结构

(a)GPS/GLONASS天线;(b)Kinect2 RGBD相机;(c)NovAtel SPAN-IGM-S1组合导航系统;
(d)22.2V 22000mAh锂聚合物电池;(e)(自研)运动控制模块;
(f)Intel NUC6i7KYK Skull Canyon迷你计算机。

移动机器人系统搭载了Kinect2相机[图7.2(b)],能够实时获取环境的三维视觉信息,用于三维视觉SLAM。Kinect2的安装高度为50cm,水平安装。Kinect2的水平视场角为70°,垂直视场角为60°。经过实验测试,在室内环境中的最远深度感知距离约为12m,在室外因为受到太阳光的干扰,深度感知距离大幅降低,早晨和傍晚的最远深度感知距离约为8m,中午阳光直射时距离约为5m。因此本章所进行的室外实验均是在早晨或傍晚进行的。

为了能够定量分析SLAM方法的定位精度,在移动机器人系统上还安装了

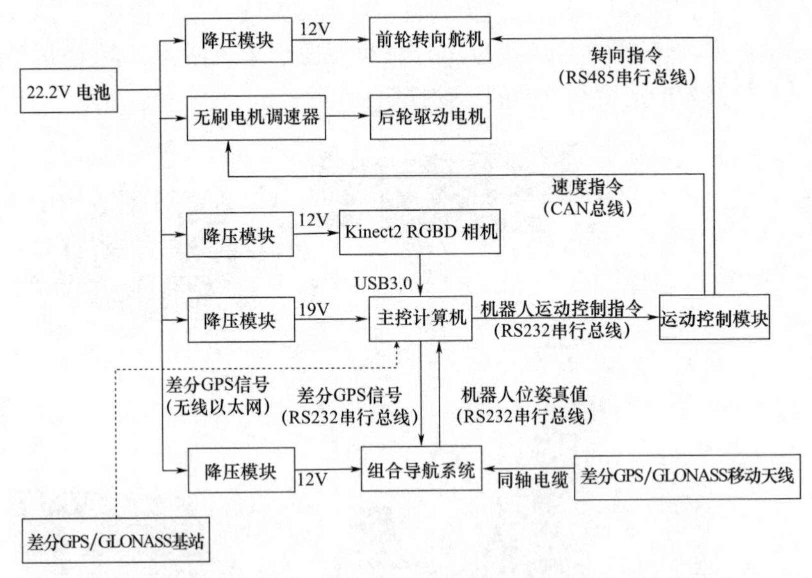

图 7.3　地面轮式移动机器人各模块之间的信号传输与电气连接关系

基于差分 GPS/GLONASS 与惯导的组合导航系统,用于提供机器人在室外的高精度实时定位信息。组合导航系统通过将差分 GPS 与惯导进行融合,可以提供厘米级的机器人定位信息,将作为机器人的定位真值数据用于评估 SLAM 方法的定位精度。但是组合导航系统对使用环境要求比较严格,需要在天气晴朗、环境开阔、无电磁干扰的条件下使用。因此,本章的室外实验需要在满足组合导航系统使用要求的条件下进行。组合导航系统与 SLAM 系统同时在机器人上独立运行,分别输出机器人的定位信息,并用于对比分析。

机器人主控计算机的处理器为 2.6GHz 四核 i7-6770HQ 处理器,不具备独立图形显卡。机器人搭载 22.2V 22000mA · h 锂聚合物电池,为机器人的动力系统供电,同时通过隔离降压为主控计算机和其他电子设备供电。

7.3　实验结果与分析

本节分别在开源数据集上和实物机器人平台上进行了实验,检验融合多信息的三维视觉 SLAM 方法的定位精度和建图效果。实验参数设置与第 3~5 章中的实验参数设置基本保持一致,其中 PIFT 特征点的空间半径参数 R 在室内实验条件下设置为 10cm,室外条件下设置为 20cm(选取原则如第 3 章所述)。使用 7.1 节所述的多线程并行化处理,SLAM 系统可以在移动机器人上以平均

20 帧/s 的帧率运行。

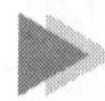

7.3.1 在开源数据集上的实验

首先在开源数据集上进行 SLAM 方法的实验验证。选取 TUM 数据集[155]，该数据集包含了由 Kinect 相机采集的 RGBD 图像序列，同时提供了相机采集图像时的空间轨迹真值，可以定量分析 SLAM 方法的定位精度。

SLAM 方法以数据集所提供的 RGBD 图像作为三维视觉图像输入，实时进行同步定位与建图，在 RGBDfreiburg2 和 RGBDfreiburg3 图像序列中计算得到的相机运动轨迹分别如图 7.4(a)和图 7.7(a)所示。其中，还展示了数据集提供的真值轨迹，以及无闭环 SLAM(混合残差视觉里程计)轨迹，它们对应的轨迹误差曲线如图 7.4(b)和图 7.7(b)所示。

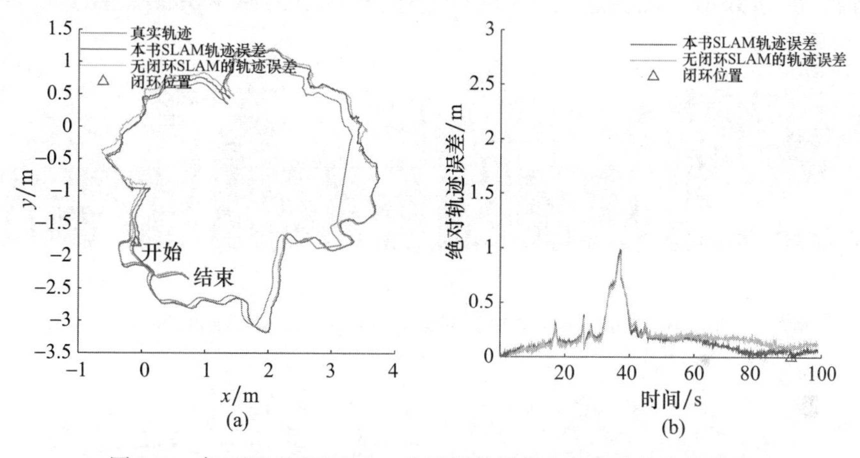

图 7.4 在 TUM RGBDfreiburg2 开源数据集上的定位轨迹及误差

图 7.5 在 TUM RGBDfreiburg2 开源数据集上的建图效果

其中的无闭环 SLAM 即为混合残差视觉里程计,它的性能已经在第 4 章进行了充分的实验分析;本节介绍的完整 SLAM 方法能够进一步提高其定位精度,这主要得益于 SLAM 中的闭环检测和闭环优化方法。从图 7.4 和图 7.7 中可以看出,有闭环 SLAM 相比于无闭环 SLAM 拥有更高的定位精度,SLAM 轨迹更接近于真值,轨迹误差更小。在 RGBDfreiburg2 图像序列中,无闭环 SLAM 的平均轨迹误差为 0.188m,有闭环 SLAM 的平均轨迹误差为 0.157m,误差减小了 16%;在 RGBDfreiburg3 图像序列中,无闭环 SLAM 的平均轨迹误差为 0.0786m,有闭环 SLAM 的平均轨迹误差为 0.027m,误差减小了 65%,证明了闭环检测与闭环轨迹优化对消除轨迹误差的重要性。

使用 SLAM 方法构建的稠密三维地图如图 7.5 和图 7.8 所示,其中展示了不同视角下的地图可视化效果,而在原始数据集中是不存在这些观察视角的。该数据集图像序列中的一些不同视角下的原始图像如图 7.6 和图 7.9 所示。

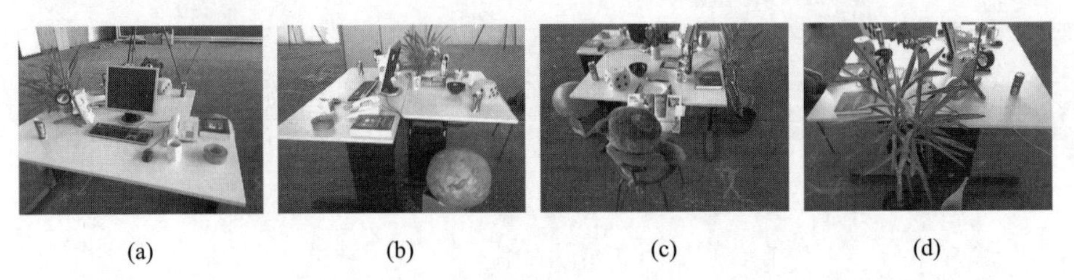

图 7.6　TUM RGBDfreiburg2 开源数据集上的一些不同视角下的原始图像示例

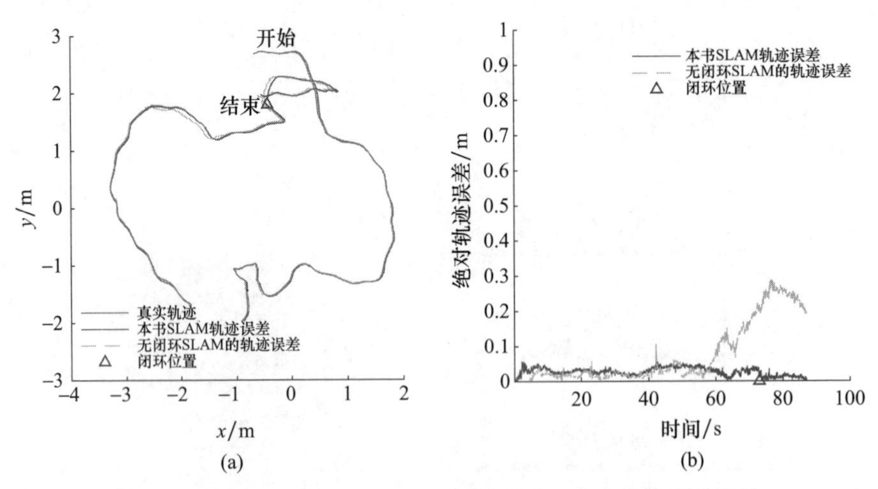

图 7.7　在 TUM RGBDfreiburg3 开源数据集上的定位轨迹及误差

图7.8 在TUM RGBDfreiburg3开源数据集上的建图效果

(a) (b) (c) (d)

图7.9 TUM RGBDfreiburg3开源数据集上的一些不同视角下的原始图像示例

从图7.5和图7.8中可以看出,三维视觉SLAM方法能够利用RGBD图像序列中的不同视角下的原始图像,构建一个一致的三维稠密地图。所构建的三维稠密地图能够精准地还原实际场景,对场景细节的表达能力取决于所构建地图的空间分辨率,即八叉树地图的叶子节点的空间分辨率(本实验设置为1cm)。同时,受RGBD图像本身的限制,对相机远处的场景分辨率要低于相机近处的场景分辨率,如图7.5和图7.8中的桌面场景具有较高的表示精细程度,而远处地面的点云表示则更加稀疏。

以上在开源数据集上的实验证明了SLAM方法在室内环境中具有较高的定位精度,能够有效检测到闭环,并通过闭环轨迹优化显著减少轨迹误差;能够构建稠密的三维环境地图,所构建的地图能够较为精细地还原实际场景细节。

7.3.2 实物实验

本书还在实物机器人系统上进行了室外环境下的实验验证。相比于在室内开源视觉集上的实验,室外实验环境中存在着自然环境光对RGBD相机的干扰,以及运动物体(如树枝的随风摆动、行人等)的干扰,这对视觉SLAM系统的鲁棒性等性能提出了更高的要求。

实物实验选取 7.2 节所述的移动机器人系统作为实验平台,所搭载的 Kinect2 相机作为三维视觉输入,验证 SLAM 方法。在机器人运行的同时,同步独立采集组合导航系统的定位信息,用于定量分析 SLAM 方法的定位精度。

在本次实验中,机器人在室外环境中运行了 259s,累积移动距离 107m,机器人运行期间存在两次轨迹闭环。使用 SLAM 方法计算得到的机器人运动轨迹如图 7.10 所示,其中展示了全局轨迹在闭环优化前与闭环优化后的轨迹曲线,以及组合导航系统获得的真值轨迹。全局轨迹优化前与优化后的轨迹误差曲线如图 7.11 所示。

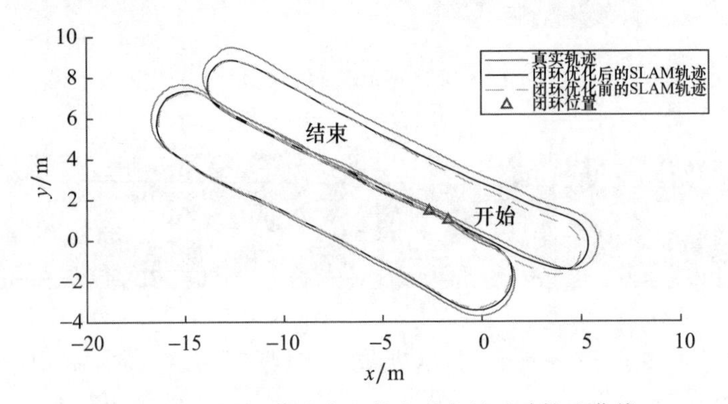

图 7.10 SLAM 方法在室外实验中的运动轨迹曲线

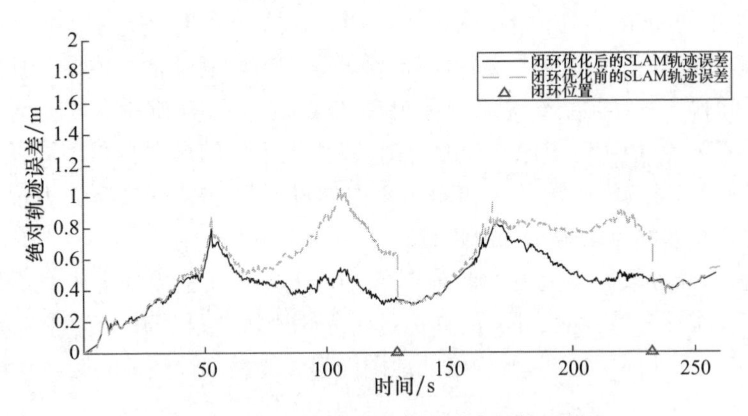

图 7.11 SLAM 方法在室外实验中的轨迹误差

为了对室外实验场景有直观的印象,一些由机器人所获取的原始图像在图 7.12 中进行了展示。其中,RGBD 相机所获取的原始图像会存在一定的运动模糊,这在机器人的旋转运动时尤为明显,如图 7.12(c)、(d)所示。

(a) (b) (c) (d)

图7.12 机器人室外实验中所获取的一些原始图像示例

从图7.10和图7.11中可以看出,三维视觉SLAM方法能够实现对机器人的实时位姿估计,SLAM方法的最终轨迹漂移误差为0.50m,在整个轨迹上的平均漂移误差为0.47m,表现出了较好的定位精度。SLAM方法能够有效检测到闭环,检测到第一次闭环是在129s,检测到第二次闭环是在232s。从图7.11中可以看出,检测到闭环后,经过闭环优化,极大地消除了闭环期间的累积误差。通过闭环后的全局轨迹优化,还可以减少机器人之前轨迹的误差,从而优化了全局地图的构建。

SLAM方法所构建的三维稠密地图如图7.13所示。从图7.13中可以看出,三维视觉SLAM方法能够较为精准地还原实际场景,构建一个稠密的三维地图。其中,由于RGBD相机的深度测量噪声的影响,稠密地图中可能存在一些噪声点云,以及由于运动模糊和深度图像与彩色图像之间的配准误差,导致物体的空间边缘处可能存在一些色彩错误的情况,如图7.13中的灌木丛的边缘。这是由RGBD相机本身的性能限制导致的。

图7.13 SLAM方法在室外实验中的建图效果

然后在更大范围的室外环境中进行了实物实验。实验环境的卫星图像及SLAM方法的轨迹如图7.14所示。图7.14中同时展示了全局轨迹在闭环优化前与闭环优化后的轨迹曲线,以及组合导航系统获得的真值轨迹。闭环优化前与闭环优化后的轨迹误差如图7.15所示。

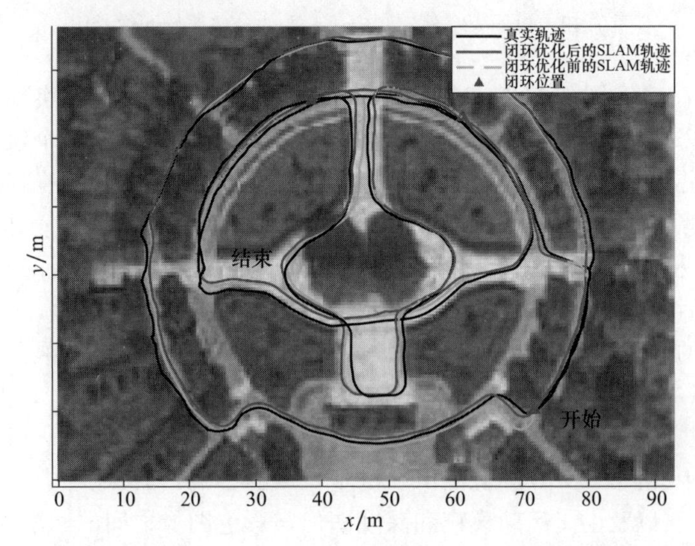

图7.14 SLAM方法在室外大范围环境中实验的轨迹曲线及卫星图像

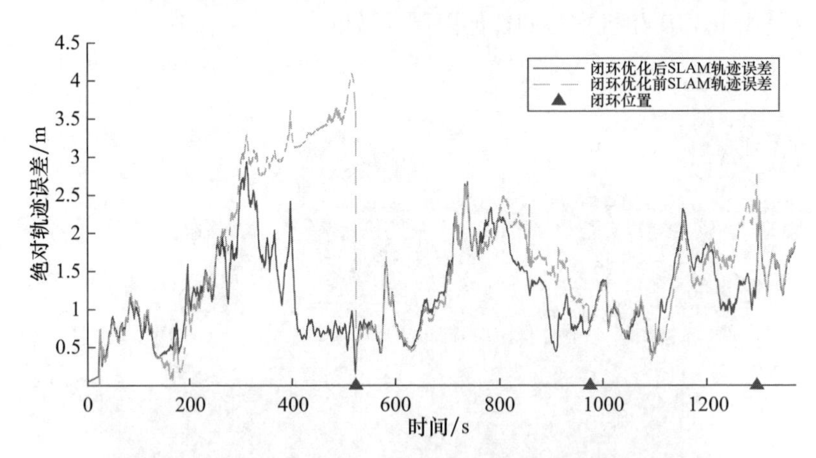

图7.15 SLAM方法在室外大范围环境中实验的轨迹误差

图7.14中的卫星地图是根据谷歌地图所提供的比例尺进行等比放大,再与SLAM轨迹曲线进行对齐的。图中包含了浅色道路区和深色植被区。需要注意的是,其中一些绿色区域是树木的俯视成像,地面移动机器人仍然可以在树下地面通行,如图7.16(a)所示。

图 7. 16 中展示了一些在实验中由机器人所获取的原始图像。图 7. 16(b)展示了环境中存在行人干扰的情况,这对 SLAM 方法的鲁棒性提出了考验。

(a) (b) (c) (d)

图 7. 16　机器人在室外大范围环境中实验获取的一些原始图像示例

在本次实验中,机器人在室外环境中运行了 22min52s,累积移动距离 618m。SLAM 方法的最终轨迹漂移误差为 1. 8m,在整个轨迹上的平均漂移误差为 1. 2m,表现出了较好的定位精度。其中,在 5min15s~5min22s 期间存在较近距离的行人干扰[图 7. 16(b)],SLAM 方法仍然能够保证稳定可靠的位姿估计,证明了其对运动物体具有一定的鲁棒性。

SLAM 方法分别在 8min43. 7s、16min15. 0s 和 21min37. 1s 检测到闭环,经过闭环优化,整个轨迹的平均误差由优化前的 1. 6m 减小为 1. 2m,误差减少了 25%。值得指出的是,随着机器人在大范围环境中运动,SLAM 方法所维护的地图不断增长,对闭环检测的候选闭环帧处理效率要求更高。SLAM 方法所使用的基于位姿与外观的闭环检测方法(如第 5 章所述)能够不受地图增长问题的影响,实现在线实时地闭环检测,并且成功检测出本次实验中的全部 3 次闭环。

闭环后的轨迹优化不仅极大地消除了机器人的累积定位误差,还对所构建地图的一致性有重要作用。图 7. 17 展示了其中一次闭环优化前后的三维稠密建图效果。

图 7. 17(a)是 SLAM 系统实时增量式构建的三维稠密地图在闭环位置处的细节效果。由于累积定位误差的存在,增量式构建的地图在闭环处出现断裂,这不利于机器人理解环境以及机器人的运动规划等行为。经过闭环优化后重建的三维稠密地图在该闭环位置的细节图如 7. 17(b)所示。它在闭环处具有连续性,保证了地图的空间一致性,证明了闭环检测和闭环轨迹优化对构建具有一致性的三维稠密地图的重要性。

(a) (b)

图 7. 17　闭环优化前和闭环优化后的三维稠密建图效果对比

(a)闭环优化前;(b)闭环优化后。

SLAM 方法最终构建的稠密三维地图如图 7.18 所示。

图 7.18　SLAM 方法在室外大范围环境实验中最终构建的稠密三维地图

从图 7.18 中可以看出，受 RGBD 相机在室外环境中感知距离的限制，所构建的三维稠密地图仅能表示机器人行驶路线附近的环境场景，对于 RGBD 相机感知距离以外的场景则无法构建稠密三维地图。

从稠密三维建图结果可以看出，三维视觉 SLAM 方法能够较为精准地还原实际场景，所构建的稠密三维地图具有良好的场景细节还原能力。

以上在开源数据集上的实验和在实物机器人上的实验表明，SLAM 方法在室内环境和室外环境中都能够实现对机器人位姿的实时精确估计，能够有效地检测出机器人的轨迹闭环，并通过全局轨迹优化消除机器人的累积定位误差。SLAM 方法能够构建稠密的三维环境地图，对机器人所观察到的环境具有较为精准的场景重建能力，但是所构建的稠密三维地图也会受到三维视觉相机的测量噪声的影响。

7.4　小结

本章以第 3~6 章的内容为基础，构建了三维视觉 SLAM 系统，称为融合多信息的三维视觉 SLAM 方法。

SLAM 方法使用了多特征混合残差优化框架实现视觉里程计，使用了基于位姿与外观信息的闭环检测方法进行闭环检测，对闭环后的全局轨迹进行优化和三维稠密地图重建。通过多线程并行化方法,实现了不依赖于图形显卡的在线实时三维视觉同步定位与建图。

通过在开源数据集上的实验和在实物机器人平台上的实验,验证了 SLAM 方法能够在室内环境与室外大范围环境中实现机器人的实时精确的位姿估计,同时构建稠密的三维环境地图,具有较好的环境表示能力。

附录　标准正态分布置信区间表

标准正态分布密度函数的积分函数(原函数)无法用初等函数表示,因此工程上常采用查表法来求取不同的置信度与置信区间的对应关系。此处给出常用的置信度查询表格。

例如,取置信度为 $F(t)=95\%$,查标准正态分布置信区间表得 $t=1.96$,得到置信区间为$[\hat{x}-1.96\sigma,\hat{x}+1.96\sigma]$。

t	$F(t)$	t	$F(t)$	t	$F(t)$	t	$F(t)$	t	$F(t)$
0.92	0.6424	1.18	0.7620	1.44	0.8501	1.70	0.9190	1.96	0.9500
0.93	0.6476	1.19	0.7660	1.45	0.8529	1.71	0.9127	1.97	0.9512
0.94	0.6528	1.20	0.7699	1.46	0.8557	1.72	0.9146	1.98	0.9523
0.95	0.6579	1.21	0.7737	1.47	0.8584	1.73	0.9164	1.99	0.9534
0.96	0.6629	1.22	0.7775	1.48	0.8611	1.74	0.9181	2.00	0.9545
0.97	0.6680	1.23	0.7813	1.49	0.8638	1.75	0.9199	2.02	0.9566
0.98	0.6729	1.24	0.7850	1.50	0.8664	1.76	0.9216	2.04	0.9587
0.99	0.6778	1.25	0.7887	1.51	0.8690	1.77	0.9233	2.06	0.9606
1.00	0.6827	1.26	0.7923	1.52	0.8715	1.78	0.9249	2.08	0.9625
1.01	0.6875	1.27	0.7959	1.53	0.8740	1.79	0.9265	2.10	0.9643
1.02	0.6923	1.28	0.7995	1.54	0.8764	1.80	0.9281	2.12	0.9660
1.03	0.6970	1.29	0.8030	1.55	0.8789	1.81	0.9297	2.14	0.9676
1.04	0.7017	1.30	0.8064	1.56	0.8812	1.82	0.9312	2.16	0.9692
1.05	0.7063	1.31	0.8098	1.57	0.8836	1.83	0.9328	2.18	0.9770
1.06	0.7109	1.32	0.8132	1.58	0.8859	1.84	0.9342	2.20	0.9722
1.07	0.7154	1.33	0.8165	1.59	0.8882	1.85	0.9357	2.22	0.9736
1.08	0.7199	1.34	0.8198	1.60	0.8940	1.86	0.9371	2.24	0.9749
1.09	0.7243	1.35	0.8230	1.61	0.8926	1.87	0.9385	2.26	0.9762
1.10	0.7287	1.36	0.8262	1.62	0.8948	1.88	0.9399	2.28	0.9774
1.11	0.7330	1.37	0.8293	1.63	0.8969	1.89	0.9412	2.30	0.9786
1.12	0.7373	1.38	0.8324	1.64	0.8990	1.90	0.9426	2.32	0.9797
1.13	0.7415	1.39	0.8355	1.65	0.9011	1.91	0.9439	2.34	0.9807
1.14	0.7457	1.40	0.8385	1.66	0.9031	1.92	0.9451	2.36	0.9817
1.15	0.7499	1.41	0.8415	1.67	0.9051	1.93	0.9464	2.38	0.9827
1.16	0.7540	1.42	0.8444	1.68	0.9070	1.94	0.9476	2.40	0.9836
1.17	0.7580	1.43	0.8473	1.69	0.9099	1.95	0.9488	2.42	0.9845

参考文献

[1] LEONARD J J,DURRANTWHYTE H F,COX I J. Dynamic map building for an autonomous mobile robot [J]. International Journal of Robotics Research,1992,11(4):286-298.

[2] SMITH R,SELF M,CHEESEMAN P. A stochastic map for uncertain spatial relationships[C]. In Procedings of the 1988 International Symposium on Robotics Research,1988:467-474.

[3] SMITH R,SELF M,CHEESEMAN P. Estimating uncertain spatial relationships in robotics[M]. New York: Springer,1990.

[4] LOWE D G. Distinctive Image Features from Scale-Invariant Keypoints[J]. International Journal of Computer Vision,2004,60(2):91-110.

[5] BAY H,ESS A,TUYTELAARS T,et al. Speeded-Up Robust Features(SURF)[J]. Computer Vision and Image Understanding,2008,110(3):346-359.

[6] CALONDER M,LEPETIT V,STRECHA C,et al. BRIEF:Binary Robust Independent Elementary Features [C]. In Proceedings of the 2010 European Conference on Computer Vision,2010:778-792.

[7] LEUTENEGGER S,CHLI M,SIEGWART R Y. BRISK:Binary Robust invariant scalable keypoints[C]. In Proceedings of the 2011 IEEE International Conference on Computer Vision,2011:2548-2555.

[8] ROSTEN E,DRUMMOND T. Machine Learning for High-Speed Corner Detection[C]. In Proceedings of the 2006 European Conference on Computer Vision,2006:430-443.

[9] RUBLEE E,RABAUD V,KONOLIGE K,et al. ORB:An efficient alternative to SIFT or SURF[C]. In Proceedings of the 2011 IEEE International Conference on Computer Vision,2011:2564-2571.

[10] ALAHI A, ORTIZ R, VANDERGHEYNST P. FREAK: Fast Retina Keypoint[C]. In Proceedings of the 2012 IEEE Conference on Computer Vision and Pattern Recognition,2012:510-517.

[11] SCOVANNER P,ALI S,SHAH M. A 3-dimensional Sift Descriptor and Its Application to Action Recognition[C]. In Proceedings of the 2007 ACM International Conference on Multimedia. New York,NY,USA, 2007:357-360.

[12] RUSU R B,COUSINS S. 3D is here:Point Cloud Library(PCL)[C]. In Proceedings of the 2011 IEEE International Conference on Robotics and Automation,2011:1-4.

[13] RUSU R B,MARTON Z C,BLODOW N,et al. Towards 3D Point cloud based object maps for household environments[J]. Robotics and Autonomous Systems,2008,56(11):927-941.

[14] RUSU R B,BLODOW N,BEETZ M. Fast Point Feature Histograms(FPFH)for 3D registration[C]. In Proceedings of the 2009 IEEE International Conference on Robotics and Automation,2009:3212-3217.

[15] SALTI S,TOMBARI F,STEFANO L D. SHOT:Unique signatures of histograms for surface and texture description[J]. Computer Vision and Image Understanding,2014,125:251-264.

[16] BESL P J,MCKAY N D. A Method for Registration of 3-D Shapes[J]. IEEE Transactions on Pattern Analysis and Machine Intelligence,1992,14(2):239-256.

[17] LI S,LEE D. Fast Visual Odometry Using Intensity-Assisted Iterative Closest Point[J]. IEEE Robotics and Automation Letters,2016,1(2):992-999.

[18] STEDER B,RUSU R B,KONOLIGE K,et al. Point feature extraction on 3D range scans taking into account object boundaries[C]. In Proceedings of the 2011 IEEE International Conference on Robotics and Automation,2011:2601-2608.

[19] BO L,REN X,FOX D. Depth kernel descriptors for object recognition[C]. In Proceedings of the 2011 IEEE/RSJ International Conference on Intelligent Robots and Systems,2011:821-826.

[20] TOMBARI F,SALTI S,STEFANO L D. A combined texture-shape descriptor for enhanced 3D feature matching[C]. In Proceedings of the 2011 IEEE International Conference on Image Processing,2011:809-812.

[21] NASCIMENTO E R,OLIVEIRA G L,CAMPOS M F M,et al. BRAND:A robust appearance and depth descriptor for RGB-D images[C]. In Proceedings of the 2012 IEEE/RSJ International Conference on Intelligent Robots and Systems,2012:1720-1726.

[22] BLUM M,SPRINGENBERG J T,WÜLFING J,et al. A learned feature descriptor for object recognition in RGB-D data[C]. In Proceedings of the 2012 IEEE International Conference on Robotics and Automation,2012:1298-1303.

[23] BO L,REN X,FOX D. Unsupervised Feature Learning for RGB-D Based Object Recognition[C]. In Procedings of the 13th International Symposium on Experimental Robotics:Experimental Robotics. Heidelberg,2013:387-402.

[24] REN X,BO L,FOX D. Rgb-(d) scene labeling:Features and algorithms[C]. In Procedings of the 2012 IEEE Conference on Computer Vision and Pattern Recognition,2012:2759-2766.

[25] EADE E,DRUMMOND T. Edge landmarks in monocular SLAM[J]. Image and Vision Computing,2009,27(5):588-596.

[26] GARULLI A,GIANNITRAPANI A,ROSSI A,et al. Mobile robot SLAM for line-based environment representation[C]. In Procedings of the 2005 IEEE Conference on Decision and Control & 2005 European Control Conference,2005:2041-2046.

[27] LEMAIRE T,LACROIX S. Monocular-vision based SLAM using Line Segments[C]. In Procedings of the 2007 IEEE International Conference on Robotics and Automation,2007:2791-2796.

[28] WEINGARTEN J,SIEGWART R. 3D SLAM using planar segments[C]. In Procedings of the 2007 IEEE/RSJ International Conference on Intelligent Robots and Systems,2007:3062-3067.

[29] TREVOR A J B,ROGERS J G,CHRISTENSEN H I. Planar surface SLAM with 3D and 2D sensors[C]. In Procedings of the 2012 IEEE International Conference on Robotics and Automation,2012:3041-3048.

[30] SALAS-MORENO R F,GLOCKEN B,KELLY P H J,et al. Dense planar SLAM[C]. In Procedings of the 2014 IEEE International Symposium on Mixed and Augmented Reality,2014:157-164.

[31] AHN S,CHOI M,CHOI J,et al. Data Association Using Visual Object Recognition for EKF-SLAM in Home Environment[C]. In Procedings of the 2006 IEEE/RSJ International Conference on Intelligent Robots and Systems,2006:2588-2594.

[32] EKVALL S,JENSFELT P,KRAGIC D. Integrating Active Mobile Robot Object Recognition and SLAM in Natural Environments[C]. In Procedings of the 2006 IEEE/RSJ International Conference on Intelligent Robots and Systems,2006:5792-5797.

[33] SALASMORENO R F,NEWCOMBE R A,STRASDAT H,et al. SLAM++:Simultaneous Localisation and Mapping at the Level of Objects[C]. In Procedings of the 2013 IEEE Conference on Computer Vision and Pattern Recognition,2013:1352-1359.

[34] MCCORMAC J,HANDA A,DAVISON A,et al. SemanticFusion:Dense 3D Semantic Mapping with Convolutional Neural Networks[C]. In Procedings of the 2017 IEEE International Conference on Robotics and Automation,2017:4628-4635.

[35] BOWMAN S L,ATANASOV N,DANIILIDIS K,et al. Probabilistic data association for semantic SLAM[C]. In Procedings of the 2017 IEEE International Conference on Robotics and Automation,2017:1722-1729.

[36] ENGEL J,KOLTUN V,CREMERS D. Direct Sparse Odometry. [J]. IEEE Transactions on Pattern Analysis & Machine Intelligence,2017,40:611-625.

[37] NEWCOMBE R A,LOVEGROVE S J,DAVISON A J. DTAM:Dense tracking and mapping in real-time [C]. In Proceedings of the 2011 IEEE International Conference on Computer Vision,2011:2320-2327.

[38] ENGEL J,SCHöPS T,CREMERS D. LSD-SLAM:Large-Scale Direct Monocular SLAM[C]. In Proceedings of the 2014 European Conference on Computer Vision,2014:834-849.

[39] JEONG W Y,LEE K M. Visual SLAM with Line and Corner Features[C]. In Procedings of the 2007 IEEE/RSJ International Conference on Intelligent Robots and Systems,2007:2570-2575.

[40] AHN S,WAN K C. Efficient SLAM algorithm with hybrid visual map in an indoor environment[C]. In Procedings of the 2007 International Conference on Control,Automation and Systems,2007:663-667.

[41] FORSTER C,PIZZOLI M,SCARAMUZZA D. SVO:Fast semi-direct monocular visual odometry[C]. In Proceedings of the 2014 IEEE International Conference on Robotics and Automation,2014:15-22.

[42] KROMBACH N,DROESCHEL D,BEHNKE S. Combining Feature-Based and Direct Methods for Semi-dense Real-Time Stereo Visual Odometry[C]. In Proceedings of the 2016 International Conference on Intelligent Autonomous Systems,2016:855-868.

[43] THRUN S. Robotic mapping:a survey[M]. Exploring Artificial Intelligence in the New Millennium,2002.

[44] KLEIN G,MURRAY D. Parallel Tracking and Mapping for Small AR Workspaces[C]. In Proceedings of the 2007 IEEE and ACM International Symposium on Mixed and Augmented Reality,2007:1-10.

[45] MONTEMERLO M,THRUN S,KOLLER D,et al. FastSLAM:a factored solution to the simultaneous localization and mapping problem[C]. In Proceedings of the 2002 AAAI National Conference on Artificial Intelligence,2002:593-598.

[46] MONTEMERLO M,THRUN S,ROLLER D,et al. FastSLAM 2.0:an improved particle filtering algorithm for simultaneous localization and mapping that provably converges[C]. In Procedings of the 2003 International Conference on Artificial Intelligence,2003:1151-1156.

[47] SUTHERLAND I E. Three-dimensional data input by tablet[J]. ACM Siggraph Computer Graphics,1974, 8(3):86-86.

[48] HARTLEY R,ZISSERMAN A. Multiple View Geometry in Computer Vision[M]. Cambridge:Cambridge University Press,2003.

[49] LEPETIT V,MORENO-NOGUER F,FUA P. EPnP:An Accurate O(n)Solution to the PnP Problem[J]. International Journal of Computer Vision,2009,81(2):155-166.

[50] PENATE-SANCHEZ A,ANDRADE-CETTO J,MORENO-NOGUER F. Exhaustive Linearization for Robust Camera Pose and Focal Length Estimation[J]. IEEE Transactions on Pattern Analysis & Machine In-

telligence,2013,35(10):2387.

[51] TRIGGS B,MCLAUCHLAN P F,HARTLEY R I,et al. Bundle Adjustment-A Modern Synthesis[C]. In Procedings of the 1999 International Workshop on Vision Algorithms:Theory and Practice,1999:298-372.

[52] STRASDAT H,MONTIEL J M M,DAVISON A J. Real-time monocular SLAM:Why filter? [C]. In Procedings of the 2010 International Conference on Robotics and Automation,2010:2657-2664.

[53] MUR-ARTAL R, MONTIEL J M M, TARDÓS J D. ORB-SLAM: A Versatile and Accurate Monocular SLAM System[J]. IEEE Transactions on Robotics,2015,31:1147-1163.

[54] LABBÉ M,MICHAUD F. Long-term online multi-session graph-based SPLAM with memory management [J]. Autonomous Robots,2017(3):1-18.

[55] MUR-ARTAL R,TARDÓS J D. ORB-SLAM2:An Open-Source SLAM System for Monocular,Stereo,and RGB-D Cameras[J]. IEEE Transactions on Robotics,2017,33:1255-1262.

[56] ENGEL J,STURM J,CREMERS D. Semi-dense Visual Odometry for a Monocular Camera[C]. In Proceedings of the 2013 IEEE International Conference on Computer Vision,2013:1449-1456.

[57] GUTMANN J,KONOLIGE K. Incremental mapping of large cyclic environments[C]. In Procedings of the 1999 IEEE International Symposium on Computational Intelligence in Robotics and Automation,1999:318-325.

[58] HESS W,KOHLER D,RAPP H,et al. Real-time loop closure in 2D LIDAR SLAM[C]. In Procedings of the 2016 IEEE International Conference on Robotics and Automation,2016:1271-1278.

[59] SIVIC J,ZISSERMAN A. Video Google :A Text Retrieval Apporach to Object Matching in Viedeos[C]. In Proceedings of the 2003 IEEE International Conference on Computer Vision,2003:1470-1477.

[60] NISTER D,STEWENIUS H. Scalable Recognition with a Vocabulary Tree[C]. In Proceedings of the 2006 IEEE Conference on Computer Vision and Pattern Recognition,2006:2161-2168.

[61] HARTIGAN J A,WONG M A. Algorithm AS 136:A K-Means Clustering Algorithm[J]. Journal of the Royal Statistical Society,1979,28(1):100-108.

[62] BENTLEY J L. Multidimensional binary search trees used for associative searching[J]. Communications of the ACM,1975,18(9):509-517.

[63] JAAKKOLA T S,HAUSSLER D. Exploiting Generative Models in Discriminative Classifiers[C]. In Proceedings of the 1998 Conferene on Advances in Neural Information Processing Systems Ⅱ,1999:487-493.

[64] PERRONNIN F,DANCE C. Fisher Kernels on Visual Vocabularies for Image Categorization[C]. In Proceedings of the 2007 IEEE Conference on Computer Vision and Pattern Recognition,2007:1-8.

[65] JÉGOU H,DOUZE M,SCHMID C,et al. Aggregating local descriptors into a compact image representation [C]. In Proceedings of the 2010 IEEE Conference on Computer Vision and Pattern Recognition,2010:3304-3311.

[66] BABENKO A,SLESAREV A,CHIGORIN A,et al. Neural Codes for Image Retrieval[C]. In Proceedings of the 2014 European Conference on Computer Vision,2014:584-599.

[67] WAN J,WANG D,HOI S C H,et al. Deep Learning for Content-Based Image Retrieval:A Comprehensive Study[C]. In Proceedings of the 2014 ACM international conference on Multimedia,2014:157-166.

[68] HOU Y,ZHANG H,ZHOU S. Convolutional neural network-based image representation for visual loop closure detection[C]. In Proceedings of the 2015 IEEE International Conference on Information and Automation,2015:2238-2245.

[69] GAO X,ZHANG T. Unsupervised learning to detect loops using deep neural networks for visual SLAM sys-

tem[J]. Autonomous Robots,2017,41(1):1-18.

[70] ANGELI A,FILLIAT D,DONCIEUX S,et al. Fast and Incremental Method for Loop-Closure Detection Using Bags of Visual Words[J]. IEEE Transactions on Robotics,2008,24:1027-1037.

[71] CALLMER J,GRANSTRöM K,NIETO J,et al. Tree of words for visual loop closure detection in urban slam [C]. In Procedings of the 2008 Australasian Conference on Robotics and Automation,2008.

[72] LUHN H P. A Statistical Approach to Mechanized Encoding and Searching of Literary Information[J]. IBM Journal of Research and Development,1957,1(4):309-317.

[73] SPÄRCK JONES K. A statistical interpretation of term specificity and its application in retrieval[J]. Journal of Documentation,1972,28:11-21.

[74] 李博,杨丹,邓林. 移动机器人闭环检测的视觉字典树金字塔 TF-IDF 得分匹配方法[J]. 自动化学报,2011,37(6):665-673.

[75] CUMMINS M,NEWMAN P. FAB-MAP :Probabilistic localization and mapping in the space of appearance [J]. International Journal of Robotics Research,2008,27:647-665.

[76] CUMMINS M,NEWMAN P. Appearance-only SLAM at large scale with FABMAP 2.0[J]. International Journal of Robotics Research,2010,30:1100-1123.

[77] CHOW C K,LIU C N. Approximating discrete probability distributions with dependence trees[J]. IEEE Transactions on Information Theory,1968,14:462-467.

[78] GÁLVEZ-LÓPEZ D,TARDÓS J D. Real-time loop detection with bags of binary words[C]. In Proceedings of the 2011 IEEE/RSJ International Conference on Intelligent Robots and Systems,2011:51-58.

[79] GÁLVEZ-LÓPEZ D,TARDÓS J D. Bags of Binary Words for Fast Place Recognition in Image Sequences [J]. IEEE Transactions on Robotics,2012,28:1188-1197.

[80] LABBÉM,MICHAUD F. Memory management for real-time appearance-based loop closure detection[C]. In Proceedings of the 2011 IEEE/RSJ International Conference on Intelligent Robots and Systems,2011: 1271-1276.

[81] LABBÉ M,MICHAUD F. Appearance-Based Loop Closure Detection for Online Large-Scale and Long-Term Operation[J]. IEEE Transactions on Robotics,2013,29:734-745.

[82] LABBÉ M,MICHAUD F. Online Global Loop Closure Detection for Large-Scale Multi-Session Graph-Based SLAM[C]. In Proceedings of the 2014 IEEE/RSJ International Conference on Intelligent Robots and Systems,2014:2661-2666.

[83] MUR-ARTAL R,TARDÓS J D. Fast relocalisation and loop closing in keyframebased SLAM[C]. In Proceedings of the 2014 IEEE International Conference on Robotics and Automation,2014:846-853.

[84] MORAVEC H P,ELFES A. High resolution maps from angle sonar[C]. In Procedings of the 1985 IEEE International Conference on Robotics and Automation,1985:116-121.

[85] CHONG K S,KLEEMAN L. Mobile Robot Map Building from an Advanced Sonar Array and Accurate Odometry[J]. International Journal of Robotics Research,1999,18(1):20-36.

[86] KORTENKAMP D,WEYMOUTH T. Topological mapping for mobile robots using a combination of sonar and vision sensing[C]. In Procedings of the 1994 National Conference on Artificial Intelligence,1994:979-984.

[87] FRAUNDORFER F,ENGELS C,NISTER D. Topological mapping,localization and navigation using image collections[C]. In Procedings of the 2007 IEEE/RSJ International Conference on Intelligent Robots and Systems,2007:3872-3877.

[88] THRUN S,BÜ A. Integrating Grid-Based and Topological Maps for Mobile Robot Navigation[C]. In Procedings of the Thirteenth National Conference on Artificial Intelligence,1996:944-950.

[89] FRESE U,DUCKETT T. A Multigrid Approach for Accelerating Relaxation-Based SLAM[C]. In Procedings of the 2003 Workshop on Reasoning with Uncertainty in Robotics,2003:192-202.

[90] VENTURA J,ARTH C,REITMAYR G,et al. Global Localization from Monocular SLAM on a Mobile Phone [J]. IEEE Transactions on Visualization and Computer Graphics,2014,20(4):531-539.

[91] FERNANDEZ L,PAYA L,REINOSO O,et al. Visual Hybrid SLAM:An Appearance-Based Approach to Loop Closure[J]. Robot,2014:693-701.

[92] WEINGARTEN J W,SIEGWART R. EKF-based 3D SLAM for structured environment reconstruction[C]. In Procedings of the 2005 IEEE/RSJ International Conference on Intelligent Robots and Systems,2005:3834-3839.

[93] WURM K M,HORNUNG A,BENNEWITZ M,et al. OctoMap:A probabilistic,flexible,and compact 3D map representation for robotic systems[C]. In Procedings of the 2010 IEEE International Conference on Robotics and Automation,2010.

[94] ENDRES F,HESS J,ENGELHARD N,et al. An evaluation of the RGB-D SLAM system[C]. In Procedings of the 2012 IEEE International Conference on Robotics and Automation,2012:1691-1696.

[95] DAVISON A J,REID I D,MOLTON N D,et al. MonoSLAM:Real-Time Single Camera SLAM[J]. IEEE Transactions on Pattern Analysis and Machine Intelligence,2007,29(6):1052-1067.

[96] DELINGETTE H. Simplex meshes:a general representation for 3D shape reconstruction[C]. In Procedings of the 1994 IEEE Conference on Computer Vision and Pattern Recognition,1994:856-859.

[97] HOPPE H. DeRose T,Duchamp T,John McDonald,et al. Surface Reconstruction from Unorganized Points [J]. ACM SIGGRAPH Computer Graphics,1992,26(2):71-78.

[98] CHEKHLOV D,GEE A P,CALWAY A,et al. Ninja on a Plane:Automatic Discovery of Physical Planes for Augmented Reality Using Visual SLAM[C]. In Procedings of the 2008 IEEE and ACM International Symposium on Mixed and Augmented Reality,2008:153-156.

[99] LIU H,ZHANG G,BAO H. Robust Keyframe-based Monocular SLAM for Augmented Reality[C]. In Procedings of the 2016 IEEE International Symposium on Mixed and Augmented Reality,2016:1-10.

[100] NEWCOMBE R A,IZADI S,HILLIGES O,et al. KinectFusion:Real-time dense surface mapping and tracking[C]. In Proceedings of the 2011 IEEE International Symposium on Mixed and Augmented Reality,2011:127-136.

[101] MUSIALSKI P,WONKA P,ALIAGA D G,et al. A Survey of Urban Reconstruction[J]. Computer Graphics Forum,2013,32(6):146-177.

[102] KAZHDAN M,BOLITHO M,HOPPE H. Poisson surface reconstruction[C]. In Proceedings of the 2006 Eurographics Symposium on Geometry Processing,2006:61-70.

[103] KUMLER M P. An Intensive Comparison of Triangulated Irregular Networks(TINs) and Digital Elevation Models(DEMs)[J]. Cartographica,1994,31(2):1-99.

[104] 李志林,林庆. 数字高程模型[M]. 2 版. 武汉:武汉大学出版社,2003.

[105] MALARTRE F,FERAUD T,DEBAIN C,et al. Digital Elevation Map estimation by vision-lidar fusion [C]. In Procedings of the 2009 IEEE International Conference on Robotics and Biomimetics,2009:523-528.

[106] DURRANT-WHYTE H. Consistent integration and propagation of disparate sensor observations[C]. In Procedings of the 1987 IEEE International Conference on Robotics and Automation,1987:1464-1469.

[107] LU F,MILIOS E. Globally Consistent Range Scan Alignment for Environment Mapping[J]. Autonomous Robots,1997,4(4):333-349.

[108] LONGUET-HIGGINS H C. A computer algorithm for reconstructing a scene from two projections[J]. Nature,1981,293(5828):133-135.

[109] TOMONO M. 3-D Localization and Mapping Using a Single Camera Based on Structure-from-Motion with Automatic Baseline Selection[C]. In Procedings of the 2006 IEEE International Conference on Robotics and Automation,2006:3342-3347.

[110] MOURAGNON E,LHUILLIER M,DHOME M,et al. Real Time Localization and 3D Reconstruction[C]. In Procedings of the 2006 IEEE Conference on Computer Vision and Pattern Recognition,2006:363-370.

[111] NISTER D,NARODITSKY O,BERGEN J. Visual odometry[C]. In Procedings of the 2004 IEEE Conference on Computer Vision and Pattern Recognition,2004:I-652-I-659.

[112] GARCIA M A,SOLANAS A. 3D simultaneous localization and modeling from stereo vision[C]. In Procedings of the 2004 International Conference Robotics and Automation,2004:847-853.

[113] AGRAWAL M,KONOLIGE K. Real-time Localization in Outdoor Environments using Stereo Vision and Inexpensive GPS[C]. In Procedings of the 2006 International Conference on Pattern Recognition,2006:1063-1068.

[114] BRAND C,SCHUSTER M J,HIRSCHMüLLER H,et al. Stereo-vision based obstacle mapping for indoor/outdoor SLAM[C]. In Procedings of the 2014 IEEE/RSJ International Conference on Intelligent Robots and Systems,2014:1846-1853.

[115] KOLMOGOROV V,ZABIH R. Multi-camera Scene Reconstruction via Graph Cuts[C]. In Procedings of the 2002 European Conference on Computer Vision,2002:82-96.

[116] Bumblebee. Richmond,BC,Canada. FLIR Integrated Imaging Solutions,Inc. https://www.ptgrey.com/bumblebee2-firewire-stereo-vision-camera-systems.

[117] ZED. San Francisco,CA,USA. Stereolabs Corp. https://www.stereolabs.com/zed/.

[118] Leap Motion. San Francisco,CA,USA. Leap Motion Corp. https://www.leapmotion.com/.

[119] Kinect. Redmond WA,USA. Microsoft Corp. http://www.xbox.com/en-us/kinect.

[120] HU G,HUANG S,ZHAO L,et al. A robust RGB-D SLAM algorithm[C]. In Procedings of the 2012 IEEE/RSJ International Conference on Intelligent Robots and Systems,2012:1714-1719.

[121] HENRY P,KRAININ M,HERBST E,et al. RGB-D mapping:Using Kinect-style depth cameras for dense 3D modeling of indoor environments[J]. International Journal of Robotics Research,2014,31(5):647-663.

[122] WHELAN T,KAESS M,JOHANNSSON H,et al. Real-time large-scale dense RGBD SLAM with volumetric fusion[J]. International Journal of Robotics Research,2015,34(4-5):598-626.

[123] Xtion. Taipei,Taiwan. ASUSTeK Computer Inc. https://www.asus.com/us/3D-Sensor/Xtion_PRO_LIVE/.

[124] RealSense. Santa Clara,CA,USA. Intel Corp. https://realsense.intel.com/.

[125] MAIMONE A,FUCHS H. Encumbrance-free telepresence system with real-time 3D capture and display

using commodity depth cameras[C]. In Procedings of the 2011 IEEE International Symposium on Mixed and Augmented Reality,2011:137-146.

[126] HANSARD M,LEE S,CHOI O,et al. Time-of-Flight Cameras:Principles,Methods and Applications [M]. Springer Publishing Company,Incorporated,2012.

[127] CamCub3. 0. Gateway Place,San Jose,CA,USA. Intel Corp. https://www. pmdtec. com/news_media/video/camcube. php.

[128] SELL J,O'CONNOR P. The Xbox One system on a chip and Kinect sensor[J]. IEEE Micro,2014,34:44-53.

[129] Senz3D. Singapore. Creative Technology Ltd. https://cn. creative. com/.

[130] BIBER P,ANDREASSON H,DUCKETT T,et al. 3D modeling of indoor environments by a mobile robot with a laser scanner and panoramic camera[C]. In Procedings of the 2010 IEEE/RSJ International Conference on Intelligent Robots and Systems,2010:3430-3435.

[131] JIA S,CUI W,LI X,et al. Mobile robot 3D map building based on laser ranging and stereovision[C]. In Procedings of the 2011 IEEE International Conference on Mechatronics and Automation,2011:1774-1779.

[132] SAXENA A,SUN M,NG A Y. Make3D:Learning 3D Scene Structure from a Single Still Image[J]. IEEE Transactions on Pattern Analysis and Machine Intelligence,2009,31(5):824-840.

[133] EIGEN D,FERGUS R. Predicting Depth,Surface Normals and Semantic Labels with a Common Multi-scale Convolutional Architecture[C]. In Procedings of the 2016 IEEE International Conference on Computer Vision,2016:2650-2658.

[134] LAINA I,RUPPRECHT C,BELAGIANNIS V,et al. Deeper Depth Prediction with Fully Convolutional Residual Networks[C]. In Procedings of the 2016 IEEE International Conference on 3D Vision,2016:239-248.

[135] GARG R,VIJAY K B G,CARNEIRO G,et al. Unsupervised CNN for Single View Depth Estimation:Geometry to the Rescue[C]. In Procedings of the 2016 European Conference on Computer Vision,2016:740-756.

[136] GODARD C,MAC AODHA O,BROSTOW G J. Unsupervised Monocular Depth Estimation with Left-Right Consistency[C]. In Procedings of the 2016 IEEE Conference on Computer Vision and Pattern Recognition,2016:6602-6611.

[137] TATENO K,TOMBARI F,LAINA I,et al. CNN-SLAM:Real-Time Dense Monocular SLAM with Learned Depth Prediction[C]. In Procedings of the 2017 IEEE Conference on Computer Vision and Pattern Recognition,2017:6565-6574.

[138] LI Y,XIE C,LU H,et al. Scale-aware Monocular SLAM Based on Convolutional Neural Network[C]. In Procedings of the 2018 IEEE International Conference on Information and Automation,2018:51-56.

[139] Forsyth D A,Ponce J. Computer Vision:A Modern Approach[M]. Prentice Hall Professional Technical Reference,2002.

[140] 徐德,谭民,李原. 机器人视觉测量与控制[M]. 3版. 北京:国防工业出版社,2016.

[141] FAUGERAS O D,G T. The Calibration Problem of Stereo[C]. In Procedings of the 1986 IEEE Conference on Computer Vision and Pattern Recognition,1986:15-20.

[142] ZHANG Z. A flexible new technique for camera calibration[J]. IEEE Transactions on Pattern Analysis and Machine Intelligence,2000,22(11):1330-1334.

[143] ITSEEZ. Open Source Computer Vision Library. https://github. com/itseez/opencv. 2015.

[144] BOUGUET J-Y. Camera calibration tool-box for matlab. https://www. vision. caltech. edu/bouguetj/calib_

doc/. 2001.

[145] Lourakis M I A, Argyros A A. SBA: A Software Package for Generic Sparse Bundle Adjustment[J]. ACM Transactions on Mathematical Software, 2009, 36(1): 1-30.

[146] KÜMMERLE R, GRISETTI G, STRASDAT H, et al. G2O: A general framework for graph optimization[C]. In Proceedings of the 2011 IEEE International Conference on Robotics and Automation, 2011: 3607-3613.

[147] OpenKinect Community. libfreenect2: Release 0. 2. https: github. com/OpenKinect/libfreenect. April 2016.

[148] JÄREMO LAWIN F, FORSSÉN P-E, OVRÉN H. Efficient Multi-frequency Phase Unwrapping Using Kernel Density Estimation [C]. In Proceedings of the 2016 European Conference on Computer Vision. Cham, 2016: 170-185.

[149] PREWITT J M S. Object Enhancement and Extraction[J]. Picture Processing & Phychopictorics, 1970, 10(1): 15-19.

[150] ABDEL-HAKIM A E, FARAG A A. CSIFT: A SIFT Descriptor with Color Invariant Characteristics[C]. In Proceedings of the 2006 IEEE Conference on Computer Vision and Pattern Recognition, 2006: 1978-1983.

[151] YU H, LI M, ZHANG H-J, et al. Color texture moments for content-based image retrieval[C]. In Proceedings of the 2002 IEEE International Conference on Image Processing, 2002: 929-932.

[152] GEVERS T, VAN DE WEIJER J, STOKMAN H. Color feature detection[M] // Gevers T, Van De Weijer J, Stokman H. Color Image Processing: Methods and ApplicationsVol. 9. CRC press, 2006(9): 203-226.

[153] LIU F, LU H, ZHENG Z. A modified color look-up table segmentation method for robot soccer[C]. In Proceedings of the 2007 IEEE Latin American Robotics Symposium and Congreso Mexicano de Robotica, 2007.

[154] LAI K, BO L, REN X, et al. A large-scale hierarchical multi-view rgb-d object dataset[C]. In Proceedings of the 2011 IEEE International Conference on Robotics and Automation, 2011: 1817-1824.

[155] STURM J, ENGELHARD N, ENDRES F, et al. A benchmark for the evaluation of RGBD SLAM systems [C]. In Proceedings of the 2012 IEEE/RSJ International Conference on Intelligent Robot and Systems, 2012: 573-580.

[156] SILVA H, SILVA E, BERNARDINO A. Combining sparse and dense methods in 6D Visual Odometry [C]. In Proceedings of the 2013 International Conference on Autonomous Robot Systems, 2013: 1-6.

[157] STÜCKLER J, BEHNKE S. Multi-resolution surfel maps for efficient dense 3D modeling and tracking [J]. Journal of Visual Communication and Image Representation, 2014, 25(1): 137-147.

[158] STÜECKLER J, GUTT A, BEHNKE S. Combining the Strengths of Sparse Interest Point and Dense Image Registration for RGB-D Odometry[C]. In Proceedings of the 2014 International Symposium on Robotics, 2014: 1-6.

[159] MUR-ARTAL R, TARDÓS J D. Visual-Inertial Monocular SLAM With Map Reuse[J]. IEEE Robotics and Automation Letters, 2016, 2(2): 796-803.

[160] DUTTA T. Evaluation of the Kinect™ sensor for 3-D kinematic measurement in the workplace. [J]. Applied Ergonomics, 2012, 43(4): 645-649.

[161] KHOSHELHAM K. Accuracy Analysis of Kinect Depth Data[J]. International Archives of the Photogrammetry, Remote Sensing and Spatial Information Sciences, 2012, 3812(5): 133-138.

[162] DIAZ M G, TOMBARI F, RODRIGUEZ-GONZALVEZ P, et al. Analysis and Evaluation Between the First and the Second Generation of RGB-D Sensors[J]. IEEE Sensors Journal, 2015, 15(11): 6507-6516.

[163] KAZMI W, FOIX S, ALENYÀ G, et al. Indoor and outdoor depth imaging of leaves with time-of-flight and stereo vision sensors: Analysis and comparison[J]. ISPRS Journal of Photogrammetry & Remote Sensing, 2014, 88(88): 128-146.

[164] CONCHA A, CIVERA J. An evaluation of robust cost functions for RGB direct mapping[C]. In Proceedings of the 2015 European Conference on Mobile Robots, 2015: 1-8.

[165] NEIRA J, TARDOS J D. Data association in stochastic mapping using the joint compatibility test[J]. IEEE Transactions on Robotics and Automation, 2001, 17(6): 890-897.

[166] Li W, Zhang G, Xu J, et al. Improved Loop Closure Detection Algorithm for VSLAM with Spatial Coordinate Index[C]. In Proceedings of 2016 3rd International Conference on Smart Materials and Nanotechnlolgy in Engineering, 2016: 225-230.

[167] GEIGER A, LENZ P, URTASUN R. Are we ready for Autonomous Driving? The KITTI Vision Benchmark Suite[C]. In Proceedings of the 2012 IEEE Conference on Computer Vision and Pattern Recognition, 2012: 3354-3361.

[168] GLOVER A, MADDERN W, WARREN M, et al. OpenFABMAP: An open source toolbox for appearance-based loop closure detection[C]. In Proceedings of the 2012 IEEE International Conference on Robotics and Automation, 2012: 4730-4735.

[169] KLEIN G, MURRAY D. Improving the Agility of Keyframe-Based SLAM[C]. In Proceedings of the 2008 European Conference on Computer Vision, 2008: 802-815.

[170] PIRCHHEIM C, SCHMALSTIEG D, REITMAYR G. Handling pure camera rotation in keyframe-based SLAM[C]. In Proceedings of the 2013 IEEE International Symposium on Mixed and Augmented Reality, 2013: 229-238.

[171] ECKENHOFF K, PAULL L, HUANG G. Decoupled, consistent node removal and edge sparsification for graph-based SLAM[C]. In Proceedings of the 2016 IEEE/RSJ International Conference on Intelligent Robots and Systems, 2016: 3275-3282.

[172] MEAGHER D. Geometric modeling using octree encoding[J]. Computer Graphics and Image Processing, 1982, 19(2): 129-147.

[173] HORNUNG A, WURM K M, BENNEWITZ M, et al. OctoMap: An efficient probabilistic 3D mapping framework based on octrees[J]. Autonomous Robots, 2013, 34(3): 189-206.

[174] KAZHDAN M, HOPPE H. Screened poisson surface reconstruction[J]. ACM Transactions on Graphics, 2013, 32(3): 1-13.

[175] CHEW L P. Constrained Delaunay triangulation[J]. Algorithmica, 1989, 4(1-4): 97-108.

[176] REBAY S. Efficient Unstructured Mesh Generation by Means of Delaunay Triangulation and Bowyer-Watson Algorithm[M]. Academic Press Professional, Inc., 1993.

[177] RUI Y K, WANG J C. A New Study of Compound Algorithm Based on Sweepline and Divide-and-conquer Algorithms for Constructing Delaunay Triangulation [J]. Acta Geodaetica Et Cartographica Sinica, 2007, 36(3): 358-362.

[178] RUI Y, WANG J, QIAN C, et al. A new compound algorithm study for delaunay triangulation construction [C]. Geoinformatics 2007: Cartographic Theory and Models. 2007(6751): 67510B.